中华人民共和国
消防标准汇编

——消防产品认证检测卷——

全国公共安全基础标准化技术委员会　编

应急管理出版社

·北　京·

图书在版编目（CIP）数据

中华人民共和国消防标准汇编．消防产品认证检测卷 / 全国公共安全基础标准化技术委员会编．--北京：应急管理出版社，2023

ISBN 978-7-5020-9216-0

Ⅰ.①中… Ⅱ.①全… Ⅲ.①消防—标准—汇编—中国 ②消防设备—产品质量认证—标准—汇编—中国 Ⅳ.①TU998.1-65

中国版本图书馆 CIP 数据核字（2021）第254394号

中华人民共和国消防标准汇编　消防产品认证检测卷

编　　者　全国公共安全基础标准化技术委员会
责任编辑　曲光宇
责任校对　赵　盼
封面设计　罗针盘

出版发行　应急管理出版社（北京市朝阳区芍药居35号　100029）
电　　话　010-84657898（总编室）　010-84657880（读者服务部）
网　　址　www.cciph.com.cn
印　　刷　北京建宏印刷有限公司
经　　销　全国新华书店

开　　本　880mm×1230mm 1/16　**印张**　16 1/2　**字数**　499千字
版　　次　2023年8月第1版　2023年8月第1次印刷
社内编号　20211474　　**定价**　65.00元

目录

ICS 13.220.01
C 84

中华人民共和国消防救援行业标准

XF 846—2009

消防产品身份信息管理

Fire products identity information management

2009-09-16 发布　　2009-10-01 实施

中华人民共和国应急管理部　公布

前言

根据公安部、应急管理部联合公告(2020年5月28日)和应急管理部2020年第5号公告(2020年8月25日),本标准归口管理自2020年5月28日起由公安部调整为应急管理部,标准编号自2020年8月25日起由GA 846—2009调整为XF 846—2009,标准内容保持不变。

本标准第4章、第5章、第6章、第7章为强制性的,其余为推荐性的。

本标准的附录A、附录B、附录C为规范性附录,附录D为资料性附录。

本标准由公安部消防局提出。

本标准由全国消防标准化技术委员会消防管理分技术委员会(SAC/TC 113/SC 9)归口。

本标准负责起草单位:公安部消防产品合格评定中心。

本标准参加起草单位:山东省公安消防总队、浙江省公安消防总队、江苏省公安消防总队、广东省公安消防总队、安徽省公安消防总队、大连宏胜科技开发有限公司、青岛楼山消防器材厂。

本标准主要起草人:东靖飞、高伟、张立胜、李双庆、亓延军、胡群明、王鹏翔、余威、康卫东、张全灵、孙宏、孙卫东、陈喆、俞颖飞、李强、汪礼苗、冯伟、陈映雄、郭佩栋、刘欣传、陆曦。

引言

依据国家现行的法律法规和技术标准，为切实加强消防产品的质量监督和证后监管，建立消防产品身份信息管理系统是十分必要的。通过建立和实施消防产品身份信息管理系统，及时掌握消防产品身份信息及流向情况，为在生产、销售、安装、施工监理、使用、维护(维修)、产品检验、建筑消防设施检测、建筑工程消防验收、消防产品监督检查等环节发现和追踪问题产品，提供了一种有效的技术手段。

消防产品身份信息管理

1 范围

本标准规定了消防产品身份信息管理的术语和定义、总则、消防产品身份信息及标志、要求、消防产品身份信息专用物品等内容。

本标准适用于消防产品的生产、销售、安装、施工监理、使用、维护(维修)、产品检验、建筑消防设施检测、建筑工程消防验收、消防产品监督检查等各个环节。

2 规范性引用文件

下列文件中的条款通过本标准的引用而成为本标准的条款。凡是注日期的引用文件,其随后所有的修改单(不包括勘误的内容)或修订版均不适用于本标准,然而,鼓励根据本标准达成协议的各方研究是否可使用这些文件的最新版本。凡是不注日期的引用文件,其最新版本适用于本标准。

GB/T 5907　消防基本术语　第一部分

XF 588　消防产品现场检查判定规则

3 术语和定义

GB/T 5907 中确立的以及下列术语和定义适用于本标准。

3.1

消防产品身份信息　fire products identity information

显示消防产品基本信息,主要内容包括消防产品生产单位(制造商)名称、产品名称、规格型号、生产日期、生产批号、产品编号、产品一致性描述、产品流向信息等。

3.2

消防产品身份信息标志　fire products identity information label

由专有符号、图案、文字等组成的消防产品身份信息标志。

3.3

消防产品身份信息管理系统　fire products identity information management system

具备建立、添加、查验、统计消防产品身份信息、消防产品销售流向信息、消防产品安装使用信息、消防验收及监督检查信息、消防产品检验信息及消防产品维护(维修)等信息,确认消防产品一致性、市场准入的符合性、维护(维修)工作符合性等的管理系统。

3.4

消防产品身份信息管理系统专用物品　special goods for fire products identity information management system

用于建立、查验消防产品相关信息的专用器材、软件、标志及专用作业表单等。

3.5

消防产品生产单位(制造商)　producer(manufacturer)of fire products

能够承担消防产品生产质量责任的单位。

3.6

产品一致性　coherence of products

产品的名称、规格型号以及生产单位(制造商)、加工场所等相关内容应与市场准入信息(或证书)中描述的内容相一致,产品的型式结构和关键件(零部件、原材料、元器件等)与送检样品相一致。

3.7

上传　upload

按本标准要求,将产品生产单位(制造商)名称、规格型号、关键件(零部件、原材料、元器件等)描述、流向及产品编号等信息通过互联网传送到消防产品身份信息管理系统数据库的过程。

4　总则

4.1　消防产品身份信息管理适用于在中华人民共和国境内获得市场准入的所有消防产品。

4.2　消防产品身份信息的管理、专用物品提供及消防产品身份信息的公布,应符合有关规定。

4.3　消防产品身份信息管理系统应包括下列内容:

a)　消防产品身份信息的建立;

b)　消防产品身份信息查验;

c)　监督检查:

1)　市场准入的符合性确认;

2)　消防产品一致性核查、确认;

3)　工厂条件的核查、确认(必要时);

4)　消防产品质量检验(必要时);

5)　维护(维修)工作符合性确认(必要时);

6)　维护(维修)产品的质量检验(必要时);

d)　消防产品身份信息的变更与注销;

e)　其他相关内容。

5　消防产品身份信息及标志

5.1　消防产品身份信息内容至少应包含:

a)　生产单位(制造商)名称;

b)　产品名称;

c)　产品规格型号;

d)　产品关键件(零部件、原材料、元器件)描述;

e)　生产日期/生产批号;

f)　产品市场准入描述;

g)　产品一致性描述;

h)　产品流向信息;

i)　其他相关信息。

5.2　消防产品身份信息标志见附录A。

6　要求

6.1　消防产品身份信息的建立

6.1.1　消防产品生产单位(制造商)应使用消防产品身份信息管理系统专用物品并按6.1.2的规定录

入消防产品身份信息，并及时将消防产品身份信息上传至消防产品身份信息管理系统数据库。

6.1.2 消防产品生产单位(制造商)录入的消防产品身份信息应符合如下要求：

a) 录入的生产单位(制造商)名称应与市场准入信息或证书中的名称一致；

b) 录入的产品规格型号应与市场准入信息或证书中的规格型号相符；

c) 消防产品出厂前已知使用单位的，生产单位(制造商)应在消防产品出厂检验合格后录入消防产品身份信息；

d) 消防产品出厂前已知销售单位的，生产单位(制造商)应在消防产品出厂检验合格后录入除产品流向信息外的消防产品身份信息；产品确认到达销售单位两个工作日内录入产品流向信息。

6.1.3 消防产品生产单位(制造商)存在下述情形之一的，不得建立相应的消防产品身份信息：

a) 消防产品不符合市场准入要求；

b) 监督检查不通过；

c) 监督检验不合格；

d) 市场准入信息(或证书)被暂停使用、撤销或注销；

e) 未提供产品质量的真实信息；

f) 转借、转卖消防产品身份信息管理系统专用物品或消防产品身份信息标志；

g) 消防产品身份信息管理系统专用物品或消防产品身份信息标志丢失、损坏后未挂失；

h) 经确认存在违反相关法律法规的其他行为。

6.1.4 消防产品维护(维修)单位应使用消防产品身份信息管理系统专用物品并按 6.1.5 的规定录入消防产品身份信息。

6.1.5 消防产品维护(维修)单位录入的消防产品身份信息应符合如下要求：

a) 录入的维护(维修)单位名称应与核定的名称一致；

b) 录入的产品规格型号应与核定的规格型号相符；

c) 录入准确的流向信息。

6.1.6 维护(维修)单位完成规定的信息录入后，应立即将消防产品身份信息上传至消防产品身份信息管理系统数据库。

6.1.7 消防产品维护(维修)单位存在下述情形之一的，不得建立相应的消防产品身份信息：

a) 维护(维修)后的消防产品不符合国家标准或行业标准的要求；

b) 监督检查不通过；

c) 监督检验不合格；

d) 未提供产品维护(维修)质量的真实信息；

e) 转借、转卖消防产品身份信息管理系统专用物品或消防产品身份信息标志；

f) 消防产品身份信息管理系统专用物品或消防产品身份信息标志丢失、损坏后未挂失；

g) 经确认存在违反相关法律法规的其他情形。

6.2 消防产品身份信息的查验

6.2.1 消防产品销售及安装单位在销售及安装消防产品前，应查验消防产品身份信息，并确认其真实性和符合性。

6.2.2 建筑工程施工监理单位在消防产品的进场验收、隐蔽工程验收或工程竣工验收等环节中，应全部查验或按相关标准规范查验消防产品身份信息，并确认其真实性和符合性。

6.2.3 消防设施检测机构在检测消防设施时，应查验全部消防产品的身份信息，并确认其真实性和符合性。

6.2.4 消防产品质量检验机构在对消防产品进行检验前，应查验全部消防产品的身份信息，并确认其真实性和符合性。

6.2.5 消防产品的维护(维修)单位在消防产品维护(维修)前，应查验全部消防产品的身份信息，并确认其真实性和符合性。

6.2.6 消防产品身份信息的查验应使用专用物品。

6.2.7 公安机关消防机构按照 XF 588 对消防产品实施监督检查时，应使用专用物品核实消防产品身份信息的真实性、符合性。

6.2.8 上述各单位查验完毕后，应及时录入查验信息，并在三个工作日内完成信息上传。

6.2.9 对存在下述问题的消防产品不得销售、安装、使用：

a） 消防产品未按本标准要求加施身份信息标志；

b） 消防产品的身份信息真实性、符合性存在问题；

c） 消防产品使用的身份信息标志为伪造、冒用、转让及非法买卖；

d） 消防产品身份信息标志损毁，无法查验；

e） 消防工程施工监理单位、消防设施检测机构未按有关法律法规及本标准要求对身份信息进行查验；

f） 消防工程施工监理单位、消防设施检测机构出具虚假查验证明。

6.3 消防产品身份信息的变更与注销

6.3.1 市场准入信息变更后的消防产品身份信息变更：

市场准入信息变更后，应及时向消防产品身份信息管理单位申请办理消防产品身份信息的变更。

6.3.2 消防产品退货后的身份信息变更：

生产单位(制造商)接收使用单位或销售单位退回的消防产品后，应注销原身份信息，并在发生新的销售行为后建立上传新的流向信息。

6.3.3 消防产品身份信息的注销：

经确认报废或不再使用的消防产品身份信息应添加注销信息。

7 消防产品身份信息专用物品

7.1 专用物品主要组成

专业物品主要组成为：

a） 消防产品身份信息管理客户端软件；

b） 专用识别作业设备；

c）电子密钥(USBKEY)；

d） 蓝牙适配器；

e） 消防产品身份信息标志。

7.2 专用物品使用要求

7.2.1 专用物品使用单位应当依照有关规定申领专用物品。

7.2.2 专用物品使用单位应制定并有效实施消防产品身份信息专用物品使用保管制度，指定专人保管维护消防产品身份信息专用物品。

7.2.3 专用物品出现故障后，使用单位应在一个工作日内通知提供方，提供方应立即安排有关单位完成维修工作。

7.2.4 专用物品、标志丢失后，使用单位应在一个工作日内通知提供方，并按下列要求处理：

a） 生产单位(制造商)的专用物品丢失后，经提供方再次核准、发放后，方可投入使用；标志丢失后，应及时向提供方办理挂失手续；

b） 其他单位的专用物品丢失后，经提供方再次核准、发放后，方可投入使用。

7.3 专用物品档案要求

7.3.1 专用物品管理应建立档案并实施档案管理制度。管理档案至少应包括以下内容：

a） 专用物品进、销、存档案；

b） 专用物品权限分配、变更、注销档案；

c） 数据修改、清理和备份档案；

d） 专用物品故障应急处理方案；

e） 专用作业表单(参见附录 D)档案。

7.3.2 涉及 7.3.1 中的各项档案保存时间不应少于五年。

7.4 管理软件的运行要求

管理软件的运行要求见附录 B。

7.5 专用物品配置要求

消防产品身份信息专用物品配置和专用作业表单使用要求见表 1。

表 1 消防产品身份信息专用物品配置和专用作业表单使用要求

<table>
<tr><th>配置单位</th><th>基本配置</th><th>专用作业表单的使用</th></tr>
<tr><td>生产单位
(制造商)</td><td>a） 消防产品身份信息管理软件；
b） 专用识别作业设备；
c） 电子密钥(USBKEY)；
d） 蓝牙适配器；
e） 消防产品身份信息标志</td><td>消防产品身份信息标志启用注册表(参见表 D.1)</td></tr>
<tr><td>建筑工程施工
监理单位</td><td rowspan="8">a） 消防产品身份信息管理软件；
b） 专用识别作业设备；
c） 电子密钥(USBKEY)；
d） 蓝牙适配器</td><td>消防产品身份信息查验表(建筑工程施工监理用)(参见表 D.2)
消防产品身份信息检查汇总表(参见表 D.8)</td></tr>
<tr><td>建筑工程消防
设施安装单位</td><td>消防产品身份信息查验表(建筑工程消防设施安装单位用)(参见表 D.3)
消防产品身份信息检查汇总表(参见表 D.8)</td></tr>
<tr><td>消防设施
检测机构</td><td>消防产品身份信息查验表(消防设施检测机构用)(参见表 D.4)
消防产品身份信息检查汇总表(参见表 D.8)</td></tr>
<tr><td>消防产品
质量检验机构</td><td>消防产品身份信息查验表(质量监督检验中心用)(参见表 D.5)</td></tr>
<tr><td>公安部门
消防机构</td><td>消防产品身份信息查验表(公安部门消防机构用)(参见表 D.6)</td></tr>
<tr><td>消防产品
使用单位</td><td>消防产品身份信息查验表(消防产品使用单位用)(参见表 D.7)
消防产品身份信息检查汇总表(参见表 D.8)</td></tr>
<tr><td>消防产品
销售单位</td><td>无</td></tr>
<tr><td>消防产品
维护(维修)机构</td><td>消防产品身份信息查验表(维护维修单位用)(参见表 D.9)</td></tr>
</table>

附　录　A
（规范性附录）
消防产品身份信息标志

A.1　标志的类型与规格

消防产品身份信息标志的类型分为Ⅰ型和Ⅱ型。消防产品身份信息标志的规格见表A.1。

表A.1　消防产品身份信息标志的规格

标志类型	规格	单位
Ⅰ型	18 mm×33 mm	枚
Ⅱ型	35 mm×45 mm	枚

A.2　标志

消防产品身份信息标志如图A.1所示。

图A.1　消防产品身份信息标志

A.3　标志的使用

A.3.1　标志使用单位申请领用的标志类型应符合附录C的规定。

A.3.2　标志加施前应完成产品身份信息注册并上传至消防产品身份信息管理系统数据库。

A.3.3　标志应牢固黏接在产品的平整、明显部位，加施后应方便查验。

A.3.4　标志使用单位应建立并有效实施标志的申领、使用及管理制度。

附　录　B
（规范性附录）
消防产品身份信息管理软件的运行要求

B.1　软件运行环境要求

B.1.1　设备软硬件要求

配备的计算机及服务器应专机专用，应安装正版软件或正版的操作系统、数据库、防病毒软件等运行软件。使用单位还应采取以下措施：

a）　建立良好的设备运行环境；

b）　建立有效的防火墙、防病毒等安全措施；

c）　进行有效的日常维护，定期对设备进行检查；

d）　及时升级软硬件设备，以确保设备终端的正常使用。

B.1.2　互联网带宽要求

为保证系统的正常运行，专用计算机接入互联网的带宽应不低于768 kbps。

B.2　数据安全与备份

使用单位应指定专人负责消防产品档案信息的安全与备份。

附 录 C
（规范性附录）
消防产品身份信息标志选用

消防产品身份信息标志选用应符合表 C.1 的规定。

表 C.1 消防产品身份信息标志选用

序号	产品名称	标志类型
1	消防头盔	Ⅰ
2	消防员灭火防护服	Ⅱ
3	消防员隔热防护服	Ⅱ
4	消防员避火防护服	Ⅱ
5	消防员抢险救援防护服	Ⅱ
6	消防员化学防护服	Ⅱ
7	其他消防员防护服	Ⅱ
8	消防手套	Ⅰ
9	消防员灭火防护靴	Ⅰ
10	消防员抢险救援防护靴	Ⅰ
11	消防员化学防护靴	Ⅰ
12	消防安全绳	Ⅰ
13	消防安全带	Ⅰ
14	消防防坠落辅助设备	Ⅰ
15	正压式消防空气呼吸器	Ⅱ
16	消防过滤式综合防毒面具	Ⅰ
17	消防员照明灯具	Ⅰ
18	消防员呼救、定位器具	Ⅰ
19	消防腰斧	Ⅰ
20	罐类消防车	Ⅱ
21	举高类消防车	Ⅱ
22	特种类消防车	Ⅱ
23	消防摩托车	Ⅱ
24	车用消防泵	Ⅱ
25	供泡沫液消防泵与泡沫比例混合系统	Ⅱ
26	手抬机动消防泵组	Ⅱ
27	工程用消防泵及泵组	Ⅱ
28	消防枪	Ⅰ
29	消防炮	Ⅱ

表 C.1（续）

序号	产品名称	标志类型
30	消防水带	Ⅱ
31	消防卷盘及附件	Ⅱ
32	消防接口	Ⅰ
33	集水器	Ⅰ
34	分水器	Ⅰ
35	消防球阀	Ⅰ
36	消防吸水胶管	Ⅰ
37	消防吸水管路附件	Ⅰ
38	室内消火栓	Ⅰ
39	室外消火栓	Ⅰ
40	消火栓箱	Ⅱ
41	消防水泵接合器	Ⅰ
42	手动破拆工具	Ⅱ
43	机动破拆工具	Ⅱ
44	气动破拆工具	Ⅱ
45	液压破拆工具	Ⅱ
46	电动破拆工具	Ⅱ
47	消防风机	Ⅱ
48	消防排烟机	Ⅱ
49	消防梯	Ⅱ
50	逃生避难器材	Ⅱ
51	火警受理系统	Ⅱ
52	消防有线通信系统	Ⅱ
53	消防无线通信系统	Ⅱ
54	消防卫星通信系统	Ⅱ
55	消防图像通信系统	Ⅱ
56	消防移动数据通信系统	Ⅱ
57	消防现场通信管理控制系统	Ⅱ
58	各类消防机器人	Ⅱ
59	消防船	Ⅱ
60	消防飞机	Ⅱ
61	消防坦克车	Ⅱ
62	感烟火灾探测器	Ⅰ
63	感温火灾探测器	Ⅰ

表 C.1（续）

序号	产品名称	标志类型
64	点型火焰探测器	Ⅰ
65	复合火灾探测器	Ⅰ
66	其他火灾探测器	Ⅰ
67	手动火灾报警按钮	Ⅰ
68	火灾报警控制器	Ⅱ
69	无线火灾报警控制器	Ⅱ
70	火灾显示盘	Ⅱ
71	报警模块与总线模块	Ⅱ
72	火灾警报器	Ⅱ
73	消防联动控制器	Ⅱ
74	消防控制室图形显示装置	Ⅱ
75	消防电气控制装置	Ⅱ
76	防火卷帘控制器	Ⅱ
77	钢结构防火涂料	Ⅰ
78	电缆防火涂料	Ⅰ
79	隧道防火涂料	Ⅰ
80	有机防火堵料	Ⅰ
81	无机防火堵料	Ⅰ
82	预应力混凝土楼板防火涂料	Ⅰ
83	饰面型防火涂料	Ⅰ
84	阻火圈	Ⅰ
85	防火膨胀密封条	Ⅰ
86	防火门	Ⅱ
87	防火窗	Ⅱ
88	防火玻璃	Ⅱ
89	防火卷帘	Ⅱ
90	耐火电缆	Ⅰ
91	排烟风机	Ⅱ
92	挡烟垂壁	Ⅱ
93	阻火器	Ⅰ
94	气体灭火控制器	Ⅱ
95	消防联动模块	Ⅱ
96	消火栓按钮	Ⅰ
97	消防应急广播设备	Ⅱ

表 C.1（续）

序号	产品名称	标志类型
98	消防电话	Ⅱ
99	可燃气体探测器	Ⅰ
100	可燃气体报警控制器	Ⅱ
101	细水雾灭火系统	Ⅱ
102	干粉灭火系统	Ⅱ
103	气溶胶灭火系统	Ⅱ
104	阻火包	Ⅰ
105	水系灭火剂	Ⅰ
106	干粉灭火剂	Ⅰ
107	泡沫灭火剂	Ⅰ
108	卤代烷烃类灭火剂	Ⅰ
109	二氧化碳灭火剂	Ⅰ
110	惰性气体灭火剂	Ⅰ
111	手提式干粉灭火器	Ⅰ
112	手提式水基型灭火器	Ⅰ
113	手提式二氧化碳灭火器	Ⅰ
114	手提式洁净气体灭火器	Ⅰ
115	推车式干粉灭火器	Ⅰ
116	推车式水基型灭火器	Ⅱ
117	推车式二氧化碳灭火器	Ⅱ
118	推车式洁净气体灭火器	Ⅱ
119	消防应急电源	Ⅱ
120	电气火灾监控系统	Ⅱ
121	消防气压类给水设备	Ⅱ
122	消防自动恒压给水设备	Ⅱ
123	特殊消防给水设备	Ⅱ
124	自动喷水灭火系统	Ⅱ
125	气体灭火系统	Ⅱ
126	泡沫灭火系统	Ⅱ

附 录 D
（资料性附录）
专用作业表单

消防产品的生产、销售、安装、施工监理、使用、维护(维修)、产品检验、建筑消防设施检测、建筑工程消防验收、消防产品监督检查等各个环节应使用表D.1～表D.9专用作业表单。

表D.1 消防产品身份信息标志启用注册表

产品名称：________					编号：________
序号	产品名称	读取 产品标志	序号	产品名称	读取 产品标志
1		□ 开始 □ 结束	16		□ 开始 □ 结束
2		□ 开始 □ 结束	17		□ 开始 □ 结束
3		□ 开始 □ 结束	18		□ 开始 □ 结束
4		□ 开始 □ 结束	19		□ 开始 □ 结束
5		□ 开始 □ 结束	20		□ 开始 □ 结束
6		□ 开始 □ 结束	21		□ 开始 □ 结束
7		□ 开始 □ 结束	22		□ 开始 □ 结束
8		□ 开始 □ 结束	23		□ 开始 □ 结束
9		□ 开始 □ 结束	24		□ 开始 □ 结束
10		□ 开始 □ 结束	25		□ 开始 □ 结束
11		□ 开始 □ 结束	26		□ 开始 □ 结束
12		□ 开始 □ 结束	27		□ 开始 □ 结束
13		□ 开始 □ 结束	28		□ 开始 □ 结束
14		□ 开始 □ 结束	29		□ 开始 □ 结束
15		□ 开始 □ 结束	30		□ 开始 □ 结束
日期：________					

表 D.2　消防产品身份信息查验表

（建筑工程施工监理用）

工程(单位)名称：________________

检查地点：________省________市________区

生产厂名称：________________

序号	产品名称	读取产品标志	序号	产品名称	读取产品标志
1		□ □ 开始　结束	16		□ □ 开始　结束
2		□ □ 开始　结束	17		□ □ 开始　结束
3		□ □ 开始　结束	18		□ □ 开始　结束
4		□ □ 开始　结束	19		□ □ 开始　结束
5		□ □ 开始　结束	20		□ □ 开始　结束
6		□ □ 开始　结束	21		□ □ 开始　结束
7		□ □ 开始　结束	22		□ □ 开始　结束
8		□ □ 开始　结束	23		□ □ 开始　结束
9		□ □ 开始　结束	24		□ □ 开始　结束
10		□ □ 开始　结束	25		□ □ 开始　结束
11		□ □ 开始　结束	26		□ □ 开始　结束
12		□ □ 开始　结束	27		□ □ 开始　结束
13		□ □ 开始　结束	28		□ □ 开始　结束
14		□ □ 开始　结束	29		□ □ 开始　结束
15		□ □ 开始　结束	30		□ □ 开始　结束

检查人员：________________　　日期：________________

表 D.3 消防产品身份信息查验表

（建筑工程消防设施安装单位用）

安装单位名称：＿＿＿＿＿＿＿＿＿＿

检查地点：＿＿＿＿＿＿省＿＿＿＿市＿＿＿＿区

<table>
<tr><td rowspan="3">1</td><td>产品名称</td><td colspan="2"></td><td>规格型号</td><td></td></tr>
<tr><td>生产厂名称</td><td colspan="2"></td><td>读取标志</td><td>□ 开始 □ 结束</td></tr>
<tr><td>安装位置</td><td colspan="4"></td></tr>
<tr><td rowspan="3">2</td><td>产品名称</td><td colspan="2"></td><td>规格型号</td><td></td></tr>
<tr><td>生产厂名称</td><td colspan="2"></td><td>读取标志</td><td>□ 开始 □ 结束</td></tr>
<tr><td>安装位置</td><td colspan="4"></td></tr>
<tr><td rowspan="3">3</td><td>产品名称</td><td colspan="2"></td><td>规格型号</td><td></td></tr>
<tr><td>生产厂名称</td><td colspan="2"></td><td>读取标志</td><td>□ 开始 □ 结束</td></tr>
<tr><td>安装位置</td><td colspan="4"></td></tr>
<tr><td rowspan="3">4</td><td>产品名称</td><td colspan="2"></td><td>规格型号</td><td></td></tr>
<tr><td>生产厂名称</td><td colspan="2"></td><td>读取标志</td><td>□ 开始 □ 结束</td></tr>
<tr><td>安装位置</td><td colspan="4"></td></tr>
<tr><td rowspan="3">5</td><td>产品名称</td><td colspan="2"></td><td>规格型号</td><td></td></tr>
<tr><td>生产厂名称</td><td colspan="2"></td><td>读取标志</td><td>□ 开始 □ 结束</td></tr>
<tr><td>安装位置</td><td colspan="4"></td></tr>
</table>

<table>
<tr><td rowspan="4">检查结果</td><td>序号</td><td>1</td><td>2</td><td>3</td><td>4</td><td>5</td></tr>
<tr><td>符合</td><td>□</td><td>□</td><td>□</td><td>□</td><td>□</td></tr>
<tr><td rowspan="2">不符合</td><td>□ 准入</td><td>□ 准入</td><td>□ 准入</td><td>□ 准入</td><td>□ 准入</td></tr>
<tr><td>□ 一致性</td><td>□ 一致性</td><td>□ 一致性</td><td>□ 一致性</td><td>□ 一致性</td></tr>
</table>

检查人签名：＿＿＿＿＿＿＿＿　　被检查单位代表签名：＿＿＿＿＿＿＿＿

表 D.4 消防产品身份信息查验表

（消防设施检测机构用）

被检查单位名称：____________________

检查地点：____________省________市________区

<table>
<tr><td rowspan="3">1</td><td>产品名称</td><td colspan="2"></td><td>规格型号</td><td colspan="2"></td></tr>
<tr><td>生产厂名称</td><td colspan="3"></td><td>读取
标志</td><td>□
开始 □
结束</td></tr>
<tr><td>安装位置</td><td colspan="5"></td></tr>
<tr><td rowspan="3">2</td><td>产品名称</td><td colspan="2"></td><td>规格型号</td><td colspan="2"></td></tr>
<tr><td>生产厂名称</td><td colspan="3"></td><td>读取
标志</td><td>□
开始 □
结束</td></tr>
<tr><td>安装位置</td><td colspan="5"></td></tr>
<tr><td rowspan="3">3</td><td>产品名称</td><td colspan="2"></td><td>规格型号</td><td colspan="2"></td></tr>
<tr><td>生产厂名称</td><td colspan="3"></td><td>读取
标志</td><td>□
开始 □
结束</td></tr>
<tr><td>安装位置</td><td colspan="5"></td></tr>
<tr><td rowspan="3">4</td><td>产品名称</td><td colspan="2"></td><td>规格型号</td><td colspan="2"></td></tr>
<tr><td>生产厂名称</td><td colspan="3"></td><td>读取
标志</td><td>□
开始 □
结束</td></tr>
<tr><td>安装位置</td><td colspan="5"></td></tr>
<tr><td rowspan="3">5</td><td>产品名称</td><td colspan="2"></td><td>规格型号</td><td colspan="2"></td></tr>
<tr><td>生产厂名称</td><td colspan="3"></td><td>读取
标志</td><td>□
开始 □
结束</td></tr>
<tr><td>安装位置</td><td colspan="5"></td></tr>
</table>

<table>
<tr><td rowspan="4">检查结果</td><td>序号</td><td>1</td><td>2</td><td>3</td><td>4</td><td>5</td></tr>
<tr><td>符合</td><td>□</td><td>□</td><td>□</td><td>□</td><td>□</td></tr>
<tr><td rowspan="2">不符合</td><td>□
准入</td><td>□
准入</td><td>□
准入</td><td>□
准入</td><td>□
准入</td></tr>
<tr><td>□
一致性</td><td>□
一致性</td><td>□
一致性</td><td>□
一致性</td><td>□
一致性</td></tr>
</table>

检查人签名：____________　　　　被检查单位代表签名：____________

表 D.5 消防产品身份信息查验表

（质量监督检验中心用）

被检查单位名称：________________

检查地点：________________

质量监督检验中心名称：________________

序号	项目	内容		
1	产品名称			
	规格型号			
	生产厂名称		读取标志	□开始 □结束
2	产品名称			
	规格型号			
	生产厂名称		读取标志	□开始 □结束
3	产品名称			
	规格型号			
	生产厂名称		读取标志	□开始 □结束
4	产品名称			
	规格型号			
	生产厂名称		读取标志	□开始 □结束
5	产品名称			
	规格型号			
	生产厂名称		读取标志	□开始 □结束

检查结果	序号	1	2	3	4	5
	符合	□	□	□	□	□
	不符合	□	□	□	□	□

检查人签名：________________ 被检查单位代表签名：________________

表 D.6 消防产品身份信息查验表

（公安机关消防机构用）

工程名称：______________________________

工程地点：________________省______市______区

<table>
<tr><td rowspan="3">1</td><td>产品名称</td><td></td><td>规格型号</td><td colspan="2"></td></tr>
<tr><td>生产厂名称</td><td colspan="2"></td><td>读取
标志</td><td>☐ 开始　☐ 结束</td></tr>
<tr><td>安装(放)位置</td><td colspan="4"></td></tr>
<tr><td rowspan="3">2</td><td>产品名称</td><td></td><td>规格型号</td><td colspan="2"></td></tr>
<tr><td>生产厂名称</td><td colspan="2"></td><td>读取
标志</td><td>☐ 开始　☐ 结束</td></tr>
<tr><td>安装(放)位置</td><td colspan="4"></td></tr>
<tr><td rowspan="3">3</td><td>产品名称</td><td></td><td>规格型号</td><td colspan="2"></td></tr>
<tr><td>生产厂名称</td><td colspan="2"></td><td>读取
标志</td><td>☐ 开始　☐ 结束</td></tr>
<tr><td>安装(放)位置</td><td colspan="4"></td></tr>
<tr><td rowspan="3">4</td><td>产品名称</td><td></td><td>规格型号</td><td colspan="2"></td></tr>
<tr><td>生产厂名称</td><td colspan="2"></td><td>读取
标志</td><td>☐ 开始　☐ 结束</td></tr>
<tr><td>安装(放)位置</td><td colspan="4"></td></tr>
<tr><td rowspan="3">5</td><td>产品名称</td><td></td><td>规格型号</td><td colspan="2"></td></tr>
<tr><td>生产厂名称</td><td colspan="2"></td><td>读取
标志</td><td>☐ 开始　☐ 结束</td></tr>
<tr><td>安装(放)位置</td><td colspan="4"></td></tr>
</table>

<table>
<tr><td rowspan="4">检查结果</td><td>序号</td><td>1</td><td>2</td><td>3</td><td>4</td><td>5</td></tr>
<tr><td>符合</td><td>☐</td><td>☐</td><td>☐</td><td>☐</td><td>☐</td></tr>
<tr><td rowspan="2">不符合</td><td>☐
准入</td><td>☐
准入</td><td>☐
准入</td><td>☐
准入</td><td>☐
准入</td></tr>
<tr><td>☐
一致性</td><td>☐
一致性</td><td>☐
一致性</td><td>☐
一致性</td><td>☐
一致性</td></tr>
</table>

检查人签名：________________　　被检查单位代表签名：________________

表 D.7 消防产品身份信息查验表

（消防产品使用单位用）

<table>
<tr><td colspan="8">被检查单位名称：____________________
检查地点：____________________</td></tr>
<tr><td rowspan="3">1</td><td>产品名称</td><td colspan="6"></td></tr>
<tr><td>规格型号</td><td colspan="6"></td></tr>
<tr><td>生产厂名称</td><td colspan="4"></td><td>读取
标志</td><td>☐ ☐
开始 结束</td></tr>
<tr><td rowspan="3">2</td><td>产品名称</td><td colspan="6"></td></tr>
<tr><td>规格型号</td><td colspan="6"></td></tr>
<tr><td>生产厂名称</td><td colspan="4"></td><td>读取
标志</td><td>☐ ☐
开始 结束</td></tr>
<tr><td rowspan="3">3</td><td>产品名称</td><td colspan="6"></td></tr>
<tr><td>规格型号</td><td colspan="6"></td></tr>
<tr><td>生产厂名称</td><td colspan="4"></td><td>读取
标志</td><td>☐ ☐
开始 结束</td></tr>
<tr><td rowspan="3">4</td><td>产品名称</td><td colspan="6"></td></tr>
<tr><td>规格型号</td><td colspan="6"></td></tr>
<tr><td>生产厂名称</td><td colspan="4"></td><td>读取
标志</td><td>☐ ☐
开始 结束</td></tr>
<tr><td rowspan="3">5</td><td>产品名称</td><td colspan="6"></td></tr>
<tr><td>规格型号</td><td colspan="6"></td></tr>
<tr><td>生产厂名称</td><td colspan="4"></td><td>读取
标志</td><td>☐ ☐
开始 结束</td></tr>
<tr><td rowspan="3">检查结果</td><td>序号</td><td>1</td><td>2</td><td>3</td><td>4</td><td colspan="2">5</td></tr>
<tr><td>符合</td><td>☐</td><td>☐</td><td>☐</td><td>☐</td><td colspan="2">☐</td></tr>
<tr><td>不符合</td><td>☐</td><td>☐</td><td>☐</td><td>☐</td><td colspan="2">☐</td></tr>
<tr><td colspan="8">检查人签名：____________________ 被检查单位代表签名：____________________</td></tr>
</table>

表 D.8 消防产品身份信息检查汇总表

工程名称：____________________________

工程地点：____________________________省________市________区

序号	产品名称	规格型号	生产厂家	使用数量	检查数量	检查率

单位名称(盖章)______________________________

报表生成日期______________________________

表 D.9　消防产品身份信息查验表

（维护维修单位用）

工程（单位）名称：____________________

检查地点：__________省______市______区

生产厂名称：____________________

序号	产品名称	读取产品标志	序号	产品名称	读取产品标志
1		□开始 □结束	16		□开始 □结束
2		□开始 □结束	17		□开始 □结束
3		□开始 □结束	18		□开始 □结束
4		□开始 □结束	19		□开始 □结束
5		□开始 □结束	20		□开始 □结束
6		□开始 □结束	21		□开始 □结束
7		□开始 □结束	22		□开始 □结束
8		□开始 □结束	23		□开始 □结束
9		□开始 □结束	24		□开始 □结束
10		□开始 □结束	25		□开始 □结束
11		□开始 □结束	26		□开始 □结束
12		□开始 □结束	27		□开始 □结束
13		□开始 □结束	28		□开始 □结束
14		□开始 □结束	29		□开始 □结束
15		□开始 □结束	30		□开始 □结束

检查人员：____________________　　　　日期：____________________

ICS 13.220.10
C 84

中华人民共和国消防救援行业标准

XF 982—2012

哈龙灭火系统工况评定

Working condition evaluation of halon extinguishing system

2012-03-27 发布　　　　2012-05-01 实施

中华人民共和国应急管理部　　公 布

前　言

根据公安部、应急管理部联合公告(2020年5月28日)和应急管理部2020年第5号公告(2020年8月25日),本标准归口管理自2020年5月28日起由公安部调整为应急管理部,标准编号自2020年8月25日起由GA 982—2012调整为XF 982—2012,标准内容保持不变。

本标准的第4章、第5章、第6章为强制性的,其余为推荐性的。

本标准按照GB/T 1.1—2009给出的规则起草。

本标准由公安部消防局提出。

本标准由全国消防标准化技术委员会灭火剂分技术委员会(SAC/TC 113/SC 3)归口。

本标准负责起草单位:公安部消防产品合格评定中心。

本标准参加起草单位:公安部天津消防研究所。

本标准主要起草人:东靖飞、许春元、张立胜、刘连喜、余威、陆曦、张少禹、李海涛、张全灵、陈映雄、董海斌、高云升、戚彬、赵磊、邢岩。

哈龙灭火系统工况评定

1 范围

本标准规定了哈龙灭火系统工况评定的术语和定义、总则、评定要求及处置。

本标准适用于按 GBJ 110 及 GB 50163 设计、安装、使用的哈龙灭火系统的工况评定。其他哈龙灭火系统的工况评定,可参照执行。

2 规范性引用文件

下列文件对于本文件的应用是必不可少的。凡是注日期的引用文件,仅注日期的版本适用于本文件。凡是不注日期的引用文件,其最新版本(包括所有的修改单)适用于本文件。

GB/T 795—2008 卤代烷灭火系统及零部件

GB 4065 二氟一氯一溴甲烷灭火剂

GB/T 5907 消防基本术语 第一部分

GB 6051 三氟一溴甲烷灭火剂(1301 灭火剂)

GB 50163 卤代烷 1301 灭火系统设计规范

GB 50263—2007 气体灭火系统施工及验收规范

GBJ 110 卤代烷 1211 灭火系统设计规范

TSG R0004 固定式压力容器安全技术监察规程

3 术语和定义

GB/T 5907 中界定的以及下列术语和定义适用于本文件。

3.1

哈龙灭火系统 halon extinguishing system

卤代烷 1211 灭火系统和卤代烷 1301 灭火系统的统称。

3.2

市场准入符合性 compliance of market admittance

产品的制造商、型号规格、类型类别、适用范围等与市场准入证书、市场准入信息、型式试验合格报告等的符合性。

3.3

产品质量符合性 compliance of product quality

产品的全部技术性能及产品的标志、标识、合格证明文件等与现行国家标准或行业标准的符合性。

注:在本标准规定的抽样检验中,产品质量符合性主要指产品全部技术性能与现行国家标准或行业标准的符合性;在本标准规定的现场检查中,主要指产品标志、标识、合格证明文件、适用现场测试项目等与现行国家标准或行业标准的符合性。

3.4

系统安全性 system safety

系统产品工况与相关设备、设施、部件及连接部位的安全、完好、可靠性。

4 总则

4.1 在用哈龙灭火系统使用期限超出 5 年的，使用单位应按本标准要求申请进行哈龙灭火系统工况评定。

4.2 开展哈龙工况评定工作的哈龙灭火系统评定机构应当具备相应的专业能力。

4.3 哈龙灭火系统工况评定应包括下列内容：

a） 资料审核；

b） 现场检查；

c） 现场功能性测试；

d） 产品检验(必要时)；

e） 处置。

4.4 评定工作按 4.3 的规定内容依次顺序开展。资料审核结论为符合要求的，方可进行现场检查；现场检查结论为符合要求的，方可进行现场功能性测试；现场功能性测试结果符合要求但有必要进行产品检验的，应按 5.4 的规定封样并送相关国家级消防产品检测机构进行检验。

4.5 按 4.3a)～d)项内容进行评定，结果均符合要求的，系统整体评定结论为合格。

4.6 资料审核结论为不符合要求的，系统应停止使用。处置要求按 6.1 至 6.7 规定执行。

4.7 现场检查结论为不符合要求的，系统应停止使用。处置要求按 6.1 至 6.7 规定执行。

4.8 现场功能性测试中发现任何一项不合格的，系统应停止使用。处置要求按 6.1 至 6.7 规定执行。

4.9 产品检验结论为不合格的，系统应停止使用。处置要求按 6.1 至 6.7 规定执行。

4.10 出现下述情况之一时，评定结论为不合格，并应按 6.3 处置：

a） 焊接储存容器使用年限超过 12 年；

b） 无缝储存容器使用年限超过 20 年；

c） 储存容器属于未取得生产许可证的企业生产；

d） 进口储存容器未经国家法定部门检验合格；

e） 储存容器未按规定实施定期检验两个周期以上。

4.11 对于现行国家标准或行业标准中未包含的哈龙灭火装置产品，以及国家政策规定为非必要设置场所的哈龙灭火系统产品，评定结论为不合格，并应按 6.3 处置。

4.12 承担哈龙灭火系统工况评定工作的单位，应按附录 A 中规定的格式，出具哈龙灭火系统工况评定意见及结论。

4.13 哈龙灭火系统的处置应符合国家有关规定及本标准要求。

4.14 哈龙灭火系统工况评定的有关资料、数据、结论应真实、准确，便于追溯。

5 评定要求

5.1 资料审核

5.1.1 申请评定的哈龙灭火系统使用单位应提供下述资料：

a） 系统竣工图纸、防护区与装置储存间验收合格资料，设备和灭火剂输送管道验收合格资料，系统功能验收合格资料。

b） 系统与灭火剂储存容器、容器阀、单向阀、连接管、集流管、安全泄放装置、选择阀、驱动装置、喷嘴、信号反馈装置等主要组件，以及灭火剂输送管道及管道连接件的出厂合格证和/或符合市场准入制度要求的有效证明文件。

c） 系统中采用的不能复验的部件，由生产厂出具的同批产品检验报告与合格证。

d） 主要维护管理资料，包括：

1） 系统及主要组件的使用、维护说明书；

2） 按照 TSG R0004 及相关标准，灭火剂储存容器进行定期检验的合格报告；

3） 按照 GB 50263—2007，灭火剂输送管道进行定期耐压检验的合格报告；

4） 压力表、安全泄压装置等进行定期检验的合格报告；

5） 与系统配套的火灾探测报警装置的质量确认资料；

6） 系统主要设备、灭火剂、组件更换后的产品质量确认资料；

7） 灭火剂瓶组、集流管、灭火剂输送管道、喷嘴等系统及主要组件的日常维护管理记录等。

5.1.2 哈龙灭火系统评定机构负责资料审核。资料审核记录表见附录 B。

5.1.3 资料审核中出现下述问题之一的，评定结论应判定为不合格，并按 6.3 处置：

a） 产品市场准入不符合规定的；

b） 灭火剂储存容器超过使用年限，或未按照 TSG R0004 要求进行定期检验超过两个周期以上的；

c） 压力表和安全泄压装置未进行定期检验或维护更换的；

d） 提供虚假资料的。

5.2 现场检查

5.2.1 现场检查采用观察、验证的方法进行全数检查，至少应包括以下内容：

a） 标志、标识、合格证明文件等的检查。

b） 系统实际安装情况与竣工资料的一致性检查。

c） 灭火剂储存容器及部件的检查内容：

1） 灭火剂储存容器、容器阀、压力表、安全泄放装置符合性；

2） 灭火剂储存容器的支、框架固定的牢靠性、防腐处理情况；

3） 灭火剂实际重量、储存压力与设计要求的符合性；

4） 集流管的连接方式与设计要求的符合性；

5） 集流管安全泄压装置的符合性，泄压方向的安全性；

6） 驱动气瓶驱动阀、压力表、安全阀符合性，驱动气瓶安装的牢靠性；

7） 高压软管、单向阀的符合性，单向阀流向指示与灭火剂实际流向的符合性。

d） 选择阀与信号反馈装置的检查内容：

1） 选择阀与信号反馈装置的符合性；

2） 选择阀连接方式与设计要求的符合性，选择阀流向指示与灭火剂实际流向的符合性；

3） 选择阀、信号反馈装置与对应防护区的符合性。

e） 灭火剂输送管道的检查内容：

1） 连接方式与相关标准要求的符合性，管道支、吊架的安装与相关标准要求的符合性；

2） 防腐处理与相关标准要求的符合性。

f） 喷嘴的检查内容：

1） 喷嘴型号、规格及喷孔方向与设计要求的一致性；

2） 安装在吊顶下的喷嘴与相关标准要求的符合性。

g） 控制组件与火灾探测报警装置的检查内容：

1） 火灾探测器、控制器及灭火控制装置的符合性；

2） 手动启停按钮、声光报警器、放气指示灯、自动转换装置的安装与设计要求的一致性。

5.2.2 现场检查由哈龙灭火系统评定机构负责，现场检查记录表见附录 C。

5.3 现场功能性测试

5.3.1 哈龙灭火系统评定机构负责现场功能测试。

5.3.2 现场功能性测试至少应包括模拟启动试验和模拟喷气试验，设有灭火剂备用量的系统应进行模拟切换操作试验。

5.3.3 模拟启动试验方法见附录D。

检查数量：至少按防护区总数的20%进行，且不少于一个；五个防护区及以上的不少于二个。

5.3.4 模拟喷气试验方法见附录E。

检查数量：组合分配灭火系统不少于一个防护区；柜式灭火装置按产品种类，每种至少一个/套。

5.3.5 模拟切换操作试验的方法按GB 50263—2007中7.4.3的规定执行。

检查数量：全数检查。

5.3.6 上述测试完成后，应进行主、备电源切换功能试验。

检查方法：按GB 50263—2007中7.4.4的规定执行。

5.4 产品检验

资料审核与现场检查符合要求、现场功能性测试合格的在用哈龙灭火系统，凡灭火剂储存容器使用年限超过定期检验周期一倍的，应按附录F规定对产品进行全数检验。

产品检验应委托国家认可的检验机构负责。

5.5 评定结论

哈龙灭火系统评定机构应根据评定情况出具评定结论。

6 处置

6.1 对在评定中出现不符合、不合格情况的哈龙灭火系统应进行处置。处置分为整改和报废两种方式。

6.2 出现4.10、4.11、5.1.3规定情形时评定终止，按报废处置。

6.3 资料审核、现场检查、现场功能性测试及产品检验中出现不符合或不合格，但不属于4.10、4.11及5.1.3规定情形的，应进行整改。

6.4 整改或报废的哈龙灭火系统，其处置由具有资质的专业单位实施，处置过程应符合国家、行业的安全环保要求和标准规定。

6.5 实施整改的哈龙灭火系统，对灭火剂的分离回收、纯化处理、重新充装等过程应按附录G的要求出具有关过程记录，并报当地环境保护部门及公安机关消防机构。

6.6 需整改的哈龙灭火系统，因无法整改或整改后经再次评定，仍不符合本标准规定的，应按报废处置。

6.7 报废的哈龙灭火系统，系统拆卸、运输、灭火剂分离回收、储存容器解体等处置工作的主要过程应按附录H的要求进行过程记录，并报当地环境保护部门及公安机关消防机构。

附　录　A
（规范性附录）
在用哈龙灭火系统工况评定意见表

在用哈龙灭火系统工况评定意见表格式见表 A.1。

表 A.1　在用哈龙灭火系统工况评定意见表

<table>
<tr><td colspan="2">工程名称</td><td></td><td>使用单位</td><td colspan="3"></td></tr>
<tr><td>序号</td><td>评定内容</td><td colspan="4">评定情况</td><td>备注</td></tr>
<tr><td>1</td><td>适用性审核</td><td colspan="2">按 4.10、4.11、5.1.3 规定涉及范围进行核查
凡出现 4.10、4.11、5.1.3 规定的任一情况，评定结论为不合格，评定工作立即终止</td><td>合格□</td><td>不合格□</td><td></td></tr>
<tr><td>2</td><td>资料审核</td><td colspan="2">见资料审核记录表</td><td>符合□</td><td>不符合□</td><td></td></tr>
<tr><td>3</td><td>现场检查</td><td colspan="2">见现场检查记录表</td><td>符合□</td><td>不符合□</td><td></td></tr>
<tr><td rowspan="4">4</td><td rowspan="4">现场功能性测试</td><td colspan="2">模拟启动试验</td><td>合格□</td><td>不合格□</td><td></td></tr>
<tr><td colspan="2">模拟喷气试验</td><td>合格□</td><td>不合格□</td><td></td></tr>
<tr><td colspan="2">模拟切换操作试验</td><td>合格□</td><td>不合格□</td><td></td></tr>
<tr><td colspan="2">主、备电源切换功能试验</td><td>合格□</td><td>不合格□</td><td></td></tr>
<tr><td>5</td><td>产品检验</td><td colspan="2"></td><td>合格□</td><td>不合格□</td><td></td></tr>
<tr><td colspan="7">系统评定结论：</td></tr>
<tr><td colspan="7">使用单位名称（盖章）

项目负责人：（签章）　　　　年　月　日</td></tr>
<tr><td colspan="7">哈龙灭火系统评定机构名称（盖章）

项目负责人：（签章）
　　　　年　月　日</td></tr>
</table>

附 录 B
（规范性附录）
资料审核记录表

资料审核记录表见表 B.1。

表 B.1 资料审核记录表

序号	审核内容	审核要求	审核结果	
1	系统竣工图纸、防护区与装置储存间验收合格资料、设备和灭火剂输送管道验收合格资料、系统功能验收合格资料	图纸齐全、准确，内容应符合相关设计规范要求，各种验收合格资料齐全	符合 □	不符合 □
2	系统与灭火剂储存容器、容器阀、单向阀、连接管、集流管、安全泄放装置、选择阀、驱动装置、喷嘴、信号反馈装置等主要组件，以及灭火剂输送管道及管道连接件的出厂合格证和/或符合市场准入制度要求的有效证明文件	各种产品出厂合格证齐全，检验合格报告齐全	符合 □	不符合 □
3	系统中采用的不能复验的部件，由生产厂出具的同批产品检验报告与合格证	有同批产品检验报告与合格证	符合 □	不符合 □
4	系统及主要组件的使用、维护说明书	系统及其主要组件的使用、维护说明书符合相关标准规定	符合 □	不符合 □
5	按照《气瓶安全监察规程》及相关标准，灭火剂储存容器进行定期检验的合格报告	气瓶进行定期检验的合格报告齐全、有效	符合 □	不符合 □
6	按照有关安全监察规定，灭火剂输送管道进行定期耐压检验的合格报告	灭火剂输送管道进行定期检验的合格报告齐全、有效	符合 □	不符合 □
7	压力表、安全泄压装置等进行定期检验的合格报告	压力表、安全泄压装置等按相关标准进行定期检验的合格报告齐全、有效	符合 □	不符合 □
8	与系统配套的火灾探测报警装置的质量确认资料	系统配套的火灾探测报警装置的质量确认资料齐全，符合相关标准规定	符合 □	不符合 □
9	系统主要设备、灭火剂、组件更换后的产品质量确认资料	更换的产品质量确认资料齐全、真实，具有相应的产品出厂合格证和市场准入制度要求的有效证明文件	符合 □	不符合 □
10	灭火剂瓶组、集流管、灭火剂输送管道、喷嘴等系统及主要组件的日常维护管理记录等	灭火剂瓶组、集流管、灭火剂输送管道、喷嘴等系统及主要组件的日常维护管理记录齐全，符合相关标准规定	符合 □	不符合 □

附 录 C
（规范性附录）
现场检查记录表

现场检查记录表见表 C.1。

表 C.1 现场检查记录表

序号	检查内容	检查数量	检查方法	检查要求	检查结果	
1	灭火剂储存容器安装位置与竣工图的一致性	全部	观察验证	灭火剂储存容器安装位置应与竣工图一致	符合 □	不符合 □
2	灭火剂储存容器和驱动气体储存容器上安装的容器阀与相关标准要求的产品质量符合性	全部	观察验证	储存容器或容器阀上应设压力表、安全泄放装置	符合 □	不符合 □
				手动操作机构应设有安全销等防误动作的措施	符合 □	不符合 □
				阀体上应装设压力表开关	符合 □	不符合 □
				阀门结构形式应与型式试验报告一致	符合 □	不符合 □
3	压力表与相关标准要求的产品质量符合性	全部	观察验证	压力表的量程和标度盘应符合标准要求	符合 □	不符合 □
				在压力表开关关闭状态下，表针应回零位	符合 □	不符合 □
4	安全泄放装置与相关标准要求的产品质量符合性	全部	观察验证	安全泄放装置动作压力设定值应符合标准要求	符合 □	不符合 □
5	储存容器的支、框架固定的牢固性、防腐处理情况	全部	观察验证	灭火剂储存容器的支、框架固定应牢固，不应出现开焊、裂纹非借助工具可扳动（拧动）等现象，支、框架应做防腐处理	符合 □	不符合 □
6	灭火剂储存容器的产品标识与相关产品标准的符合性	全部	观察验证	灭火剂储存容器上的产品标志至少包含厂家名称、灭火剂充装量、充装压力、生产年限、企业地址、企业联系电话、产品型号、安装年限等信息	符合 □	不符合 □
7	灭火剂实际充装质量、储存压力与设计要求的符合性	全部	逐个称重、测压	灭火剂实际充装质量、储存压力应与灭火剂储存容器上的标识相符	符合 □	不符合 □
8	集流管的连接方式与设计要求的符合性	全部	观察验证	集流管的连接方式应与原设计一致	符合 □	不符合 □
9	集流管泄压方向的安全性检查	全部	观察验证	集流管泄压方向应符合规范要求	符合 □	不符合 □

表 C.1（续）

序号	检查内容	检查数量	检查方法	检查要求	检查结果	
10	驱动气体储存容器的产品标识与相关产品标准的符合性	全部	观察验证	驱动气体储存容器上的产品标志至少包含厂家名称、驱动气体名称、充装量或充装压力、生产年限、企业地址、企业联系电话、产品型号、安装年限等信息	符合 □	不符合 □
11	驱动气体储存容器实际充装压力与设计要求的符合性	全部	逐个测压	实际充装压力应与储存容器上的标识相符	符合 □	不符合 □
12	高压软管与相关标准的产品质量符合性，高压软管安装的牢靠性	全部	观察验证	高压软管表面应无龟裂等	符合 □	不符合 □
				高压软管安装的应牢靠	符合 □	不符合 □
13	单向阀与相关标准的产品质量符合性	全部	观察验证	单向阀上标志应齐全，至少应标有型号规格和介质流向、生产单位或商标	符合 □	不符合 □
				阀门结构形式应与原本工程设计一致。	符合 □	不符合 □
14	选择阀与相关标准的产品质量符合性	全部	观察验证	选择阀上标志应齐全，至少应标有型号规格和介质流向、生产单位或商标	符合 □	不符合 □
				阀门结构形式应与原本工程设计一致	符合 □	不符合 □
15	选择阀连接方式与设计要求的符合性	全部	观察验证	选择阀连接方式应与设计要求一致	符合 □	不符合 □
16	选择阀流向指示与灭火剂实际流向的符合性	全部	观察验证	选择阀标注的介质流向指示应与灭火剂实际流向一致	符合 □	不符合 □
17	选择阀及信号反馈装置与对应防护区的符合性	全部	观察验证	选择阀及信号反馈装置应与各防护区形成对应关系	符合 □	不符合 □
18	信号反馈装置与相关标准的产品质量符合性	全部	观察验证	信号反馈装置上标志应齐全，至少应标有型号规格和动作压力、触点容量、生产单位或商标	符合 □	不符合 □
				信号反馈装置动作压力标称值应与原本工程设计一致	符合 □	不符合 □
				结构形式应与原本工程设计一致	符合 □	不符合 □
19	灭火剂输送管道连接方式与相关标准要求的符合性	全部	观察验证	灭火剂输送管道连接方式应与相关标准要求一致	符合 □	不符合 □
20	管道支、吊架的安装与相关标准要求的符合性	全部	观察验证	管道支、吊架的安装应与相关标准要求相符	符合 □	不符合 □

表 C.1（续）

序号	检查内容	检查数量	检查方法	检查要求	检查结果	
21	灭火剂输送管道防腐处理与相关标准要求的符合性	全部	观察验证	灭火剂输送管道防腐处理应符合相关标准要求	符合 □	不符合 □
22	安装的喷嘴，其型号、规格及喷孔方向与设计要求的一致性	全部	观察验证	现场安装的喷嘴，其型号、规格及喷孔方向应与设计要求保持一致	符合 □	不符合 □
23	安装在吊顶下的喷嘴与相关标准要求的符合性	全部	观察验证	安装在吊顶下的喷嘴应与相关标准要求保持一致	符合 □	不符合 □
24	火灾探测器、控制器及灭火控制装置的产品质量与相关产品标准要求的符合性	全部	观察验证	火灾探测器从安装底座拆除应报故障；控制器及灭火控制装置主要部件和操作级别应符合相关标准要求；执行控制器自检操作后，应符合相关标准要求	符合 □	不符合 □
25	手动启停按钮的安装与设计要求的一致性	全部	观察验证	手动启停按钮的安装位置应与设计要求一致；手动启停按钮改造后的安装位置应与新设计要求一致	符合 □	不符合 □
26	声光报警器的安装与设计要求的一致性	全部	观察验证	声光报警器的安装位置应与设计要求一致；声光报警器改造后的安装位置应与新设计要求一致	符合 □	不符合 □
27	放气指示灯的安装与设计要求的一致性	全部	观察验证	放气指示灯的安装位置应与设计要求一致；放气指示灯改造后的安装位置应与新设计要求一致	符合 □	不符合 □
28	手自动转换装置的安装与设计要求的一致性	全部	观察验证	手自动转换装置的安装位置应与设计要求一致；手自动转换装置改造后的安装位置应与新设计要求一致	符合 □	不符合 □

附　录　D
（规范性附录）
模拟启动试验方法

D.1　手动模拟启动试验

手动模拟启动试验按下述方法进行：

a）按下手动启动按钮，观察相关动作信号及联动设备动作是否正常（如发出声、光报警，启动输出端的负载响应，关闭通风空调、防火阀等）；

b）人工使压力信号反馈装置动作，观察相关防护区门外的气体喷放指示灯是否正常。

D.2　自动模拟启动试验

自动模拟启动试验按下述方法进行：

a）将灭火控制器的启动输出端与灭火系统相应防护区驱动装置连接。驱动装置应与阀门的动作机构脱离。也可以用一个启动电压、电流与驱动装置的启动电压、电流相同的负载代替。

b）人工模拟火警使防护区内任意一个火灾探测器动作，观察单一火警信号输出后，相关报警设备动作是否正常（如警铃、蜂鸣器发出报警声等）。

c）人工模拟火警使该防护区内另一个火灾探测器动作，观察复合火警信号输出后，相关动作信号及联动设备动作是否正常（如发出声、光报警，启动输出端的负载响应，关闭通风空调、防火阀等）。

D.3　模拟启动试验结果

模拟启动试验结果应符合下列规定：

a）延迟时间与设定时间相符，响应时间应满足要求；

b）有关声、光报警信号应正确；

c）联动设备动作应正确；

d）驱动装置动作应可靠。

附　录　E
（规范性附录）
模拟喷气试验方法

E.1　模拟喷气试验的条件

模拟喷气试验的条件应符合下列规定：

a）哈龙灭火系统模拟喷气试验不应采用卤代烷灭火剂，宜采用氮气，也可采用压缩空气。氮气或压缩空气储存容器与被试验的防护区或保护对象用的灭火剂储存容器的结构、型号、规格应相同，连接与控制方式应一致，氮气或压缩空气的充装压力按设计要求执行。氮气或压缩空气储存容器数不应少于灭火剂储存容器数的20%，且不应少于一个。

b）模拟喷气试验宜采用自动启动方式。

E.2　模拟喷气试验结果

模拟喷气试验结果应符合下列规定：

a）延迟时间与设定时间相符，响应时间满足要求；

b）有关声、光报警信号应正确；

c）有关控制阀门工作应正常；

d）信号反馈装置动作后，气体防护区门外的气体喷放指示灯应工作正常；

e）容器储存间内的设备和对应防护区或保护对象的灭火剂输送管道无明显晃动和机械性损坏；

f）试验气体能喷入被试防护区内或保护对象上，且应从每个喷嘴喷出。

附 录 F
(规范性附录)
产品检验项目

产品检验项目见表 F.1。

表 F.1 产品检验项目

产品部件名称		检验项目	标准要求
灭火剂瓶组		工作压力	GB/T 795—2008 中的 5.2.1
		充装密度	GB/T 795—2008 中的 5.2.2
容器		公称工作压力	GB/T 795—2008 中的 5.3.1
		容积和直径	GB/T 795—2008 中的 5.3.2
容器阀		工作可靠性要求	GB/T 795—2008 中的 5.4.2
		手动操作要求	GB/T 795—2008 中的 5.4.2
单向阀		正向密封要求	GB/T 795—2008 中的 5.8.2
		反向密封要求	GB/T 795—2008 中的 5.8.2
		工作可靠性要求	GB/T 795—2008 中的 5.8.2
选择阀		工作可靠性要求	GB/T 795—2008 中的 5.7.2
		手动操作要求	GB/T 795—2008 中的 5.7.2
安全泄放装置		动作压力	GB/T 795—2008 中的 5.5
驱动装置	电爆型驱动器	温度时效要求	GB/T 795—2008 中的 5.9
	电磁型驱动器	驱动力要求	GB/T 795—2008 中的 5.9
		电源电压	GB/T 795—2008 中的 5.9
	气动型驱动器	驱动力要求	GB/T 795—2008 中的 5.9
压力表		示值基本误差	GB/T 795—2008 中的 5.10.2
		防水要求	GB/T 795—2008 中的 5.10.6
		气密性要求	GB/T 795—2008 中的 5.10.7
集流管		强度要求	GB/T 795—2008 中的 5.11
		密封要求	GB/T 795—2008 中的 5.11
连接管		强度要求	GB/T 795—2008 中的 5.12
		密封要求	GB/T 795—2008 中的 5.12
信号反馈装置		动作要求	GB/T 795—2008 中的 5.14
		触点接触电阻	GB/T 795—2008 中的 5.14
		绝缘要求	GB/T 795—2008 中的 5.14
二氟一氯一溴甲烷灭火剂		全检	GB 4065 中全部项目
三氟一溴甲烷灭火剂		全检	GB 6051 中全部项目

附 录 G
（规范性附录）
哈龙灭火系统灭火剂分离回收、纯化处理、重新充装过程记录表

哈龙灭火系统灭火剂分离回收、纯化处理、重新充装过程记录表见表G.1。

表G.1 哈龙灭火系统灭火剂分离回收、纯化处理、重新充装过程记录表

<table>
<tr><td colspan="2">整改单位：</td><td colspan="2">处理单位：</td></tr>
<tr><td colspan="4">以下由整改单位填写</td></tr>
<tr><td colspan="4">系统位置/地址：</td></tr>
<tr><td>系统名称：</td><td colspan="2">气瓶数量/容积：</td><td>灭火剂标注数量：</td></tr>
<tr><td colspan="4">以下由处理单位填写</td></tr>
<tr><td colspan="2">灭火剂纯度：</td><td colspan="2">灭火剂实际数量：</td></tr>
<tr><td colspan="4">灭火剂分离回收过程描述：(含分离回收保护措施及防止灭火剂散逸措施)</td></tr>
<tr><td colspan="4">灭火剂纯化处理过程描述：(含脱水手段及提纯方法)</td></tr>
<tr><td colspan="4">灭火剂重新充装过程描述：</td></tr>
</table>

整改单位：(盖章) 年 月 日 处理单位：(盖章) 年 月 日

注：本记录一式四份，整改单位及处理单位各执一份，报当地环境保护部门及公安机关消防机构各一份。

本记录有效期与气瓶强制检验周期相同。

附 录 H
（规范性附录）
哈龙灭火系统报废处置过程记录表

哈龙灭火系统报废处置过程记录表见表 H.1。

表 H.1 哈龙灭火系统报废处置过程记录表

第一部分：淘汰哈龙灭火系统移出单位填写
移出单位______（单位盖章） 电话______ 通讯地址______ 邮编______ 运输单位______ 电话______ 通讯地址______ 邮编______ 接受单位______ 电话______ 通讯地址______ 邮编______
淘汰哈龙灭火系统名称______气瓶数量/容积______灭火剂标注数量______ 气瓶压力______外观______ 注意事项______ 发运人签字______运达地______移出时间____年___月___日
第二部分：淘汰哈龙灭火系统运输单位填写
车（船）型______牌号______道路运输证号______ 运输起点______经由地______运输终点______ 承运人签字______运输日期____年___月___日
第三部分：淘汰哈龙灭火系统接受单位填写
××××××许可证号______（单位盖章） 灭火剂纯度______灭火剂实际数量______ 灭火剂分离回收过程描述：（含分离回收保护措施及防止灭火剂逸散措施） 灭火剂处置过程描述：（含脱水手段、提纯方法及合格灭火剂储存方式） 气瓶报废解体处置过程描述： 单位负责人签字______ 接受日期____年___月___日

注：本记录一式七份，移出单位、运输单位及接收单位各执一份，报移出地环境保护部门及公安机关消防机构各一份，报接收地环境保护部门及公安机关消防机构各一份。

ICS 13.220.99
C 84

中华人民共和国消防救援行业标准

XF 1035—2012

消防产品工厂检查通用要求

General requirements for factory inspection of fire products

2012-12-26 发布　　　　2013-01-01 实施

中华人民共和国应急管理部　　公布

前　言

根据公安部、应急管理部联合公告(2020年5月28日)和应急管理部2020年第5号公告(2020年8月25日),本标准归口管理自2020年5月28日起由公安部调整为应急管理部,标准编号自2020年8月25日起由GA 1035—2012调整为XF 1035—2012,标准内容保持不变。

本标准的第4章、第5章为强制性的,其余为推荐性的。

本标准按照GB/T 1.1—2009给出的规则起草。

本标准由公安部消防局提出。

本标准由全国消防标准化技术委员会火灾探测与报警分技术委员会(SAC/TC 113/SC 6)归口。

本标准负责起草单位:公安部消防产品合格评定中心。

本标准参加起草单位:公安部天津消防研究所、公安部上海消防研究所、公安部沈阳消防研究所、公安部四川消防研究所、西安盛赛尔电子有限公司、天津盛达安全科技有限责任公司、深圳因特安全科技有限公司、沈阳消防电子设备厂、青岛楼山消防器材厂、佛山市桂安消防实业有限公司、上海金盾消防安全设备有限公司、广东蓝盾门业有限公司。

本标准主要起草人:东靖飞、张立胜、屈励、余威、陆曦、张德成、金义重、刘玉恒、王学来、张少禹、李宁、程道彬、沈坚敏、李力红、刘欣传、胡群明、李国生、许春元、张源雪、梁志昌、周象义、吕滋立、刘霖、黄军团。

本标准为首次发布。

引 言

本标准是依据《中华人民共和国认证认可条例》和公安部、国家工商总局、国家质检总局联合颁发的《消防产品监督管理规定》及相关规定，为满足消防产品认证工厂检查工作的需要而制定的。

本标准的发布实施，对于提高消防产品认证工厂检查质量，确保消防产品认证工作公正、规范、有效开展，具有十分重要的作用。

消防产品工厂检查通用要求

1 范围

本标准规定了消防产品工厂检查的术语和定义、总则和要求。

本标准适用于消防产品认证机构为实施消防产品认证工作而开展的工厂检查活动，也可用于为核实消防产品工厂条件而进行的合格评定活动。

2 规范性引用文件

下列文件对于本文件的应用是必不可少的。凡是注日期的引用文件，仅注日期的版本适用于本文件。凡是不注日期的引用文件，其最新版本(包括所有的修改单)适用于本文件。

GB/T 19000 质量管理体系 基础和术语

GB/T 27000 合格评定 词汇和通用原则

XF 846 消防产品身份信息管理

3 术语和定义

GB/T 19000 和 GB/T 27000 界定的以及下列术语和定义适用于本文件。

3.1

申请人 applicant

申请产品认证的组织。

注1:通常，申请人在获得认证证书后就成为持证人。

注2:申请代理人:代替申请人办理认证申请手续的组织。

3.2

持证人 holder of certificate

持有产品认证证书的组织。

注:通常，持证人在认证申请阶段是申请人。

3.3

制造商 manufacturer

控制认证产品制造的组织。

注:一个制造商可以有多个工厂。

3.4

工厂 factory

对认证产品进行最终装配和/或试验以及加施标志的场所。

注:检查的场所内至少有最终装配、例行检验、加贴产品铭牌和标志等工序。

3.5

OEM厂 original equipment manufacturer

按委托人提供的设计、生产过程控制及检验要求生产认证产品的工厂。

注:委托人可以是申请人、持证人或制造商。

3.6

供应商 supplier

为工厂生产认证产品提供元器件、零部件、原材料和服务的组织。

3.7

检查组 inspection team

经消防产品认证机构指派,由具有适当资格人员组成的从事工厂检查任务的团队,包括检查组组长、检查组成员及技术专家(必要时)。

3.8

检查准则 inspection rule

用作依据的一组方针、程序或要求。

3.9

工厂检查 factory inspection

对工厂进行客观评价,以确定其工厂质量保证能力检查和产品一致性满足检查准则的程度而进行的系统的、独立的、获得检查证据并形成文件的过程。

3.10

文件审查 document review

根据检查准则,对申请人提供的工厂资料的完整性、符合性进行的评审。

3.11

工厂质量保证能力 factory's capability of quality assurance

工厂保证批量生产的认证产品符合认证要求并与型式试验合格样品保持一致的能力。

3.12

产品一致性 product consistency

批量生产的认证产品与认证时型式检验合格样品的符合程度。

注:产品一致性要求由产品认证实施规则、相关标准及认证机构有关要求规定。

3.13

指定试验 designated test

为评价产品一致性,由工厂检查人员依据认证实施规则或认证机构有关要求选定项目进行的检验。

注1:指定试验是产品一致性检查的补充手段。

注2:检验可在工厂或指定的检验机构进行。

注3:指定试验在工厂进行时,由工厂检验人员操作并记录相关数据和结果,工厂检查人员根据试验情况对产品一致性做出判断。

3.14

检查证据 inspection evidence

与检查准则有关的并且能够证实的记录、事实陈述或其他信息。

注:检查证据可以是定性的或定量的。

3.15

检查发现 inspection finding

将收集到的检查证据对照检查准则进行评价的结果。

注:检查发现能表明符合或不符合检查准则,或指出改进的机会。

3.16

检查结论 inspection conclusion

检查组综合考虑了检查目的和所有检查发现后得出的最终检查结果。

3.17

不符合项　nonconformity item

在检查过程中,发现的不符合检查准则要求的事实。

3.18

不合格报告　nonconformity report

将不符合的事实以书面形式表达的一种记录。

注:不是所有不符合项都开具不合格报告。

3.19

纠正措施　corrective action

认证机构要求存在不符合项的生产者或负责提供产品使用的其他方为消除不符合后果、排除现存或潜在危害而采取的必要和切实可行的措施。

3.20

例行检验　routine examination

在生产的最终阶段对生产线上的产品进行的100%检验。通常检验后,除包装和加贴标签外,不再进一步加工。

3.21

确认检验　verification examination

为验证产品持续符合标准要求进行的抽样检验。

4　总则

4.1　为实施消防产品认证和合格评定而开展的工厂检查应依据工厂检查准则进行。工厂检查准则除本标准外尚应包括:

a)　国家有关法律法规;

b)　认证合同及申请文件;

c)　认证实施规则及其附件;

d)　认证实施规则引用的标准/技术规范;

e)　认证证书及其管理规定;

f)　认证标志管理规定;

g)　证后监督的有关规定;

h)　指定检测机构依据认证实施规则出具的型式试验报告及确认的产品特性文件;

i)　有效版本的工厂质量保证体系文件;

j)　消防产品认证的其他规定等。

4.2　工厂检查应对工厂质量保证能力及产品一致性保持情况作出判定,为认证结果的评价和批准提供依据。

4.3　工厂检查的类型主要包括首次申请初始工厂检查、扩大申请工厂检查、证后监督工厂检查、证书延续工厂检查、变更工厂检查及暂停证书恢复工厂检查等。工厂检查的内容主要包括文件审查、现场检查及后续活动等。

4.4　工厂检查应由在认证人员注册机构注册、消防产品认证机构正式聘用的工厂检查人员组成的检查组负责实施。检查组应由消防产品认证机构正式委派,并应按消防产品认证机构规定的时限完成工厂检查任务。

4.5　工厂检查实行检查组长负责制,检查组长由消防产品认证机构指定。

4.6　检查组成员应熟悉工厂检查准则及检查程序,熟练运用检查技术和技巧,具备使用语言、文字和必备工具的能力,其中至少应有一名成员具有相应专业技术领域的基本理论和实践经验,熟悉产品的设计、生产工艺及质量控制要求等关键要素。检查组成员不应在工厂检查中从事与检查无关的其他活动。

4.7 检查组长在工厂检查的各个阶段代表检查组与消防产品认证机构和被检查方进行沟通,负责文件审查、制订检查计划、组织检查工作、确定检查结论及上报检查文件。检查组成员应按检查计划实施检查任务,支持并配合检查组长工作。

4.8 文件审查按5.3要求进行,发现认证资料不符合工厂检查准则的,不得进行现场检查及后续活动。

4.9 现场检查按5.4要求进行,检查方法可选择谈话、观察、查阅、测量、核对及指定试验等多种方式。检查结论由检查组讨论确定。

4.10 发生不接受工厂检查安排、不接受工厂检查结论等情况时,检查组应立即报告消防产品认证机构并终止工厂检查。

4.11 证后监督工厂检查由消防产品认证机构根据计划作出安排,检查内容、检查计划、人员安排等内容事先不应通知工厂。

4.12 工厂检查结论为不推荐通过的,终止产品认证工作。

5 要求

5.1 工厂质量保证能力要求

工厂质量保证能力应持续满足强制性产品认证的要求。工厂质量保证能力要求见附录A。

法律法规、强制性标准和认证实施规则涉及特殊工厂条件要求的,按有关要求执行。

5.2 产品一致性要求

产品一致性要求分为工厂产品一致性控制要求和产品一致性核查要求。工厂产品一致性控制的目的是为保证工厂批量生产的认证产品与认证时型式试验合格样品的一致性。产品一致性核查的目的是确定工厂批量生产的产品特性与型式检验合格样品特性的符合性。工厂一致性控制要求见附录B;产品一致性核查要求见附录C。

5.3 文件审查要求

5.3.1 工厂现场检查前,检查组长应按检查准则的要求对文件和资料的符合性、完整性进行审查,并作出文件审查结论。文件审查应在消防产品认证机构规定的时限内完成。

5.3.2 文件审查的重点为:

a) 认证委托方提供的工厂信息及产品信息;

b) 工厂质量管理体系的基本情况;

c) 工厂组织机构及职能分配的基本情况;

d) 认证产品的特点及生产工艺流程;

e) 指定检验机构出具的产品检验报告、确认的产品特性文件;

f) 获证产品证书信息,产品的生产、流向、使用信息,标志使用情况;

g) 工厂及获证产品变更情况等。

5.3.3 文件审查通过的,检查组长应在消防产品认证机构规定的时限内上报文件审查结论并完成工厂检查计划编制工作。检查计划编制应符合附录D的规定。文件审查不通过的,按4.8执行。

5.4 现场检查要求

5.4.1 工厂现场检查的实施一般分为首次会议、收集和验证信息、检查发现及沟通、确定检查结论及末次会议等五个工作阶段。

5.4.2 现场检查首次会议及末次会议应按附录E的规定。

5.4.3 收集和验证信息工作应明确信息源，通过谈话、观察、查阅、检测等方法收集与检查目的、检查范围和检查准则有关的证据信息，并应加以记录。

5.4.4 现场检查中应有效识别和产品形成过程相关的质量活动，和这些活动有关联的人员、事物、现象，指导质量活动的文件以及记载质量活动的质量记录等。应按照突出重点、总量和分量合理分配、适度均衡的原则随机抽取有代表性的样本；按照事实完整、信息充分、描述准确及有可追溯性的原则，准确发现和描述不满足工厂检查准则要求的事实。

5.4.5 检查人员之间应及时互通信息，检查组长应全面掌握现场情况，根据情况变化及时采取应对措施。

5.4.6 检查组长应有效利用会议、交谈等多种形式与被检查方就检查事宜进行沟通，争取对检查结论达成共识。

5.4.7 当检查过程中发现的不符合项已导致或有可能导致工厂质量保证能力或产品一致性不符合要求时，应出具不合格报告。不合格性质分为严重不合格和一般不合格。

出现下述情况之一的，属于严重不合格：

a） 违反国家相关法律法规；

b） 工厂质量保证能力的符合性和有效性存在严重问题；

c） 在生产、流通、使用领域发现产品一致性不符合；

d） 未在规定期限内采取纠正措施或在规定期限内采取的纠正措施无效；

e） 受检查方的关键资源缺失；

f） 认证使用的国家标准、技术规范或认证实施规则变更，持证人未按要求办理相关变更手续；

g） 产品经国家/行业监督抽查不合格，未完成有效整改；

h） 持证人未按规则使用证书、标志或未执行证书、标志管理要求；

i） 证书暂停期间仍生产、销售、安装被暂停证书产品；

j） 采取不正当手段获得证书；

k） 不符合 XF 486 及其他消防产品身份信息管理的规定；

l） 违反消防产品认证的其他规定。

不足以影响认证通过的，属于一般不合格。

5.4.8 现场检查结论分为推荐通过和不推荐通过：

a） 未发现不合格或发现的不合格为一般不合格时，工厂检查结论为推荐通过；

b） 发现的不合格为严重不合格时，工厂检查结论为不推荐通过。

5.4.9 工厂应在消防产品认证机构规定的时限内向检查组长提交纠正措施实施计划，并在规定的时间内有效实施纠正措施。

5.4.10 工厂不提交纠正措施、超过规定时限提交纠正措施、提交后未在规定的时限内实施纠正措施以及实施的纠正措施无效的，工厂检查结论应为不推荐通过。

5.4.11 需对纠正措施实施现场验证的，工厂应在消防产品认证机构规定的时限内提出验证申请；超过规定时限的，工厂检查结论为不推荐通过。

5.5 不同情况的工厂检查要求

5.5.1 首次申请初始工厂检查应至少包括以下内容：

a） 首次会议；

b） 产品一致性检查；

c） 生产设备与检验设备检查；

d） 工厂质量保证能力检查；

e) 人员能力现场见证；

f) 沟通；

g) 末次会议等。

对 OEM 厂，当委托人不同时，应分别接受检查。体系要素可不重复检查，但产品的生产过程控制、检验及一致性控制的检查不应免除。

5.5.2 扩大申请是指持证人在原有认证基础上申请增加新的认证单元和在认证单元内增加新的产品型号的情形。扩大申请工厂检查应符合以下要求：

a) 对认证实施规则相同、执行标准不同的产品，应进行文件审查和现场检查；

b) 认证实施规则及标准相同、单元不同的产品，应安排工厂质量保证能力和产品一致性现场检查；

c) 单元内产品扩展应进行文件审查，一般不进行现场检查。当申请认证产品的质量特性与已获证产品存在显著差异时，应安排工厂质量保证能力和产品一致性现场检查；

d) 对于工厂质量保证能力或产品质量存在缺陷、证书部分暂停或部分撤销的工厂，扩大申请时应进行文件审查和现场检查。

5.5.3 证后监督工厂检查应符合以下要求：

a) 消防产品认证机构应制定证后监督工厂检查手册；

b) 证后监督工厂检查自获证之日起即可实施，每 12 个月至少实施一次；

c) 除不可抗力因素外，工厂应接受证后监督工厂检查；

d) 证后监督检查即可在工厂现场进行，也可在流通领域或使用领域进行；

e) 证后监督工厂现场检查应包括：

1) 工厂质量保证能力的复查；

2) 认证产品一致性核查；

3) 认证证书和认证标志的使用情况；

4) 上一次工厂检查不符合项的整改情况；

5) 消防产品身份信息管理制度执行情况等。

f) 对生产领域的获证产品进行监督检验抽样时，抽取的样品应是由工厂生产并经检验合格的获证产品，样品的种类、数量、抽样方式按证后监督工厂检查手册执行；

g) 在流通或使用领域进行的证后监督检查，按消防产品认证机构的有关规定执行；

h) 因不可抗力因素，工厂无法在规定的时限内接受证后监督工厂检查时，经消防产品认证机构同意，可推迟进行；

i) 出现以下情况之一时，应增加证后监督工厂检查的频次：

1) 获证产品出现严重质量问题；

2) 出现应进行查实的投诉、举报；

3) 有充分证据对获证产品与认证实施规则及产品标准的符合性产生怀疑；

4) 因工厂变更组织机构、生产条件和质量体系，有可能影响获证产品的符合性和一致性；

5) 工厂检查人员行为不规范，导致工厂检查结论不可信；

6) 其他可能导致产品认证有效性、符合性出现问题的因素。

j) 出现以下情况之一时，应调整证后监督工厂检查的时间和频次：

1) 国家或行业主管部门对证后监督工作提出专项要求；

2) 认证产品的技术标准或规范中的强制性要求发生变化；

3) 认证实施规则及有关认证要求发生变化。

5.5.4 认证证书到期持证人提出延续申请的，应进行工厂检查。

5.5.5 涉及变更的工厂检查应符合以下要求：

a) 涉及产品安全使用性能的变更时，如生产厂搬迁，产品认证所依据的标准、实施规则等发生变化，产品的关键设计、关键零部件、原材料、元器件发生变化，工厂质量体系发生重大变化等，应进行文件审查和现场检查；

b） 不涉及产品安全使用性能的变更时，如仅由于命名方法的变化引起的获证产品名称、型号的变更，工厂名称、地址发生变化但未搬迁等，应进行文件审查，必要时可进行现场检查。

5.5.6 暂停证书恢复的工厂检查应符合以下要求：

a） 暂停证书恢复的工厂检查，应进行文件审查和现场检查；

b） 暂停证书恢复的工厂检查包括产品抽验要求时，检查组应按消防产品认证机构的规定进行抽样，抽取的样品应是工厂落实整改措施以后生产并经检验合格的产品。

附 录 A
（规范性附录）
工厂质量保证能力要求

A.1 职责和资源

A.1.1 职责

A.1.1.1 工厂应规定与质量活动有关的各类人员的职责及相互关系。

A.1.1.2 工厂应在组织内指定一名质量负责人。质量负责人应具有充分的能力胜任本职工作，无论其在其他方面的职责如何，应具有以下方面的职责和权限：

a） 负责建立满足本标准要求的质量体系，并确保其实施和保持；

b） 确保加贴强制性认证标志的产品符合认证标准的要求；

c） 建立文件化的程序，确保认证标志的妥善保管和使用；

d） 建立文件化的程序，确保变更后未经认证机构确认的获证产品，不加贴强制性认证标志。

A.1.2 资源

A.1.2.1 工厂应配备必要的生产设备和检验设备，以满足稳定生产符合强制性认证标准产品的要求。

A.1.2.2 工厂应配备相应的人力资源，确保从事影响产品质量工作的人员具备必要的能力。

A.1.2.3 工厂应建立并保持适宜产品生产、检验、试验、储存等所需的环境。

A.2 文件和记录

A.2.1 工厂应建立并保持文件化的认证产品质量计划，以及为确保与产品质量的相关过程有效运作和实施控制所需的文件。质量计划应包括产品设计目标、实现过程、检验及有关资源的确定，以及对获证产品的变更（标准、工艺、关键件变更等）、标志的使用管理等规定。产品设计标准或规范应是质量计划的一项内容，其要求应不低于认证实施规则中规定的标准要求。

A.2.2 工厂应建立并保持文件化的程序，以对本标准要求的文件和资料进行有效控制。这些控制应确保：

a） 文件发布和更改前应由授权人批准，以确保其适宜性；

b） 文件的更改和修订状态得到识别，防止作废文件的非预期使用；

c） 确保在使用处可获得相应文件的有效版本。

A.2.3 工厂应建立并保持质量记录的标识、储存、保管和处理的文件化程序，质量记录应清晰、完整，以作为过程、产品符合规定要求的证据。质量记录应有适当的保存期限。

A.3 采购和进货检验

A.3.1 供应商的控制

工厂应建立对关键元器件和材料的供应商的选择、评定和日常管理的程序，以确保供应商保持生产关键元器件和材料满足要求的能力。应保存对供应商的选择评价和日常管理记录。

A.3.2 关键元器件和材料的检验/验证

工厂应建立并保持对供应商提供的关键元器件和材料的检验或验证的程序及定期确认检验的程序，以确保关键元器件和材料满足认证所规定的要求。

关键元器件和材料的检验可由工厂进行，也可由供应商完成。当由供应商检验时，工厂应对供应商提出明确的检验要求。

工厂应保存关键件检验或验证记录、确认检验记录及供应商提供的合格证明及有关检验数据等。

A.4 生产过程控制和过程检验

A.4.1 工厂应对生产的关键工序进行识别，关键工序操作人员应具备相应的能力，如果该工序没有文件规定就不能保证产品质量时，则应制定相应的工艺作业指导书，使生产过程受控。

A.4.2 产品生产过程中如对环境条件有要求，工厂应保证生产环境满足规定的要求。

A.4.3 可行时，工厂应对适宜的过程参数和产品特性进行监控。

A.4.4 工厂应建立并保持对生产设备进行维护保养的制度。

A.4.5 工厂应在生产的适当阶段对产品进行检验，以确保产品及零部件与认证样品一致。

A.5 例行检验和确认检验

工厂应建立并保持文件化的例行检验和确认检验程序，以验证产品满足规定的要求。检验程序中应包括检验项目、内容、方法、判定等。工厂应保存检验记录。具体的例行检验和确认检验要求应满足相应产品认证实施规则的要求。

A.6 检验和试验设备

A.6.1 一般要求

用于检验和试验的设备应满足检验试验能力，并定期进行校准、检定和检查。

检验和试验的设备应有操作规程。检验人员应能按操作规程要求，准确地使用设备。

A.6.2 校准和检定

用于确定所生产的产品符合规定要求的检验试验设备应按规定的周期进行校准或检定。校准或检定应溯源至国家或国际基准。对自行校准的，应规定校准方法、验收准则和校准周期等。设备的校准状态应能被使用及管理人员方便识别。应保存设备的校准记录。

A.6.3 检查

用于例行检验和确认检验的设备应进行日常操作检查和运行检查。当发现检查结果不能满足规定要求时，应能追溯至已检验过的产品。必要时，应对这些产品重新进行检验。应规定操作人员在发现设备功能失效时需采取的措施。

检查结果及采取的调整等措施应加以记录。

A.7 不合格品的控制

工厂应建立和保持不合格品控制程序，内容应包括不合格品的标识方法、隔离和处置及采取的纠正、预防措施。经返修、返工后的产品应重新检验。对重要部件或组件的返修应作相应的记录。应保存对不合格品的处置记录。

A.8 内部质量审核

工厂应建立和保持文件化的内部质量审核程序，确保质量体系运行的有效性和认证产品的一致性，并记录内部审核结果。

对工厂的投诉尤其是对产品不符合标准要求的投诉，应保存记录，并应作为内部质量审核的信息输入。

对审核中发现的问题，应采取纠正和预防措施，并加以记录。

A.9 认证产品的一致性

工厂应对批量生产产品与型式试验合格的产品的一致性进行控制，以使认证产品持续符合规定的要求。

A.10 包装、搬运和储存

工厂的包装、搬运、操作和储存环境应不影响产品符合规定标准的要求。

附　录　B
（规范性附录）
工厂产品一致性控制要求

B.1　产品一致性控制文件

B.1.1　工厂应建立并保持认证产品一致性控制文件。产品一致性控制文件至少应包括：

a）针对具体认证产品型号的设计要求、产品结构描述、物料清单(应包含所使用的关键元器件的型号、主要参数及供应商)等技术文件；

b）针对具体认证产品的生产工序工艺、生产配料单等生产控制文件；

c）针对认证产品的检验(包括进货检验、生产过程检验、成品例行检验及确认检验)要求、方法及相关资源条件配备等质量控制文件；

d）针对获证后产品的变更(包括标准、工艺、关键件等变更)控制、标志使用管理等程序文件。

B.1.2　产品设计标准或规范应是产品一致性控制文件的其中一个内容，其要求应不低于该产品认证实施规则中规定的标准要求。

B.2　批量生产产品的一致性

工厂应采取相应的措施，确保批量生产的认证产品至少在以下方面与型式试验合格样品保持一致：

a）认证产品的铭牌、标志、说明书和包装上所标明的产品名称、规格和型号；

b）认证产品的结构、尺寸和安装方式；

c）认证产品的主要原材料和关键件。

B.3　关键件和材料的一致性

工厂应建立并保持对供应商提供的关键元器件和材料的检验或验证的程序，以确保关键件和材料满足认证所规定的要求，并保持其一致性。

关键件和材料的检验可由工厂进行，也可由供应商完成。当由供应商检验时，工厂应对供应商提出明确的检验要求。

工厂应保存关键件和材料的检验或验证记录、供应商提供的合格证明及有关检验数据等。

B.4　例行检验和确认检验

工厂应建立并保持文件化的例行检验和确认检验程序，以验证产品满足规定的要求，并保持其一致性。检验程序中应包括检验项目、内容、方法、判定准则等。应保存检验记录。工厂生产现场应具备例行检验项目和确认检验项目的检验能力。

B.5　产品变更的一致性控制

B.5.1　工厂应建立并保持文件化的变更控制程序，确保认证产品的设计、采用的关键件和材料以及生产工序工艺、检验条件等因素的变更得到有效控制。

B.5.2　获证产品涉及如下的变更，工厂在实施前应向消防产品认证机构申报，获得同意后方可执行：

a）产品设计(原理、结构等)的变更；

b）产品采用的关键件和关键材料的变更；

c）关键工序、工序及其生产设备的变更；

d）例行检验和确认检验条件和方法变更；

e） 生产场所搬迁、生产质量体系换版等变更；

f） 其他可能影响与相关标准的符合性或型式试验样机的一致性的变更。

B.5.3 获证产品的变更经消防产品认证机构同意执行后，工厂应通知到相关职能部门、岗位和/或用户，并按变更控制程序实行产品一致性控制。

附 录 C
（规范性附录）
产品一致性核查要求

C.1 核查内容

产品一致性核查应包含以下内容：

a） 产品名称、型号规格与产品认证规则、产品标准、认证证书的符合性；

b） 产品的名牌标志与产品标准要求、检验报告、产品使用说明书、产品特性文件表的符合性；

c） 产品关键件和材料的名称、型号规格、生产厂名称与型式检验报告描述、特性文件描述以及企业对关键件和材料供应商控制的符合性；

d） 产品特性参数与产品标准要求、检验报告、产品特性文件表的符合性；

e） 产品主要生产工艺与企业产品工艺文件、产品特性文件表的符合性。

C.2 核查方法

产品一致性核查应使用以下方法：

a） 通过核对抽样产品名牌标志、认证规则、产品标准、产品使用说明书、产品特性文件表、产品工艺文件及图纸等技术文件的方法核查；

b） 通过现场试验验证的方法判定产品的一致性；

c） 必要时通过抽样送检的方法判定产品的一致性。

C.3 判定原则

核查内容中有一项不符合，判定该产品一致性核查不符合。

附　录　D
（规范性附录）
检查计划的编制要求

D.1　检查计划编制依据

检查计划编制的主要依据为：

a）检查的产品类别；

b）检查类型（首次认证、扩大认证、监督检查和证书延续检查等）；

c）受检查方的组织结构、质量手册、程序文件和有关资料；

d）相关法律、法规。

D.2　检查计划内容

检查计划内容应至少包括：

a）受检查方名称及地址；

b）认证产品；

c）检查目的；

d）检查依据；

e）检查范围；

f）检查组成员及注册资格、专业能力范围；

g）检查内容；

h）检查方法；

i）日程安排；

j）注明检查工作和检查报告所使用的语言；

k）检查报告发放等。

D.3　检查计划编制要求

D.3.1　涉及多个受检查方及地址的应在检查计划中注明。

D.3.2　首次认证、扩大认证和证书延续检查时，检查计划中应明确如下检查目的：

a）对产品一致性基本情况，生产、检验设备，工艺条件及人力资源与相关产品认证要求的符合程度进行评价并作出结论；

b）对受检查方建立的质量管理体系与标准的符合程度及运行有效性进行评价并作出结论。

D.3.3　监督检查时，检查计划中应明确如下检查目的：

a）评价产品一致性的保持情况，生产工艺、设备、条件的保持、改进、提高的情况是否持续满足相关产品认证要求；

b）评价受检查方的质量管理体系是否持续满足标准要求并运行有效。

D.3.4　对于承担监督检查，同时又承担扩大/证书延续/变更检查工作的，应分别制定检查计划。

D.3.5　检查计划中应明确检查依据，至少包括：

a）相应的产品认证实施规则及产品标准；

b）质量管理体系标准（适用时）、受检查方的质量管理体系文件；

c）受检查方生产指导文件；

d）适用的法律、法规等。

D.3.6 检查范围应覆盖申请认证产品的质量管理体系设计、制造、服务等过程所涉及的所有部门、人员、设备和场所。

D.3.7 检查组成员栏目应注明：

a） 所有组内人员姓名；

b） 注册资质；

c） 专业能力范围(依照认证机构聘用时的人员专业能力范围填写)。

D.3.8 首次认证和扩大认证的检查计划中应至少包括下述内容：

a） 对工厂的生产和检验设备配置与运行情况进行检查的计划安排；

b） 对认证产品一致性、认证产品与检验报告及经指定检验机构确认的产品特性文件表的符合性进行检查的计划安排；

c） 对质量管理体系与工厂质量保证能力要求的符合性及运行的有效性进行检查的计划安排；

d） 对证书和标志的使用情况进行检查的计划安排(适用时)；

e） 按认证机构特定的检查范围进行检查的计划安排。

D.3.9 监督检查和证书延续检查的检查计划应至少包括下述内容：

a） 对工厂的生产和检验设备配置与运行情况进行检查的计划安排；

b） 对证书覆盖产品进行一致性核查，核查其与认证证书、检验报告及经指定检验机构确认的产品特性文件表符合性的计划安排；

c） 对质量管理体系与工厂质量保证能力要求的符合性及运行的有效性进行检查的计划安排；

d） 对证书和标志的使用情况进行检查的计划安排(适用时)；

e） 验证上次检查的不合格项所采取纠正措施的有效性的计划安排；

f） 按认证机构特定的检查范围进行检查的计划安排。

D.3.10 检查方法主要包括采取观察、询问、座谈、核对、取证、追踪、检测、指定试验等。

D.3.11 检查计划日程安排表包括检查时间、检查工作内容、涉及部门、人员及有关说明。现场检查时，每天的内部沟通、编写检查报告的时间应明确列入检查计划内，每天检查时间不少于6 h。

D.3.12 受检查方对检查计划签字盖章确认后，由检查组长上报认证机构。受检查方无正当理由不签字盖章确认的，检查组长应终止本次检查。

D.3.13 监督检查的检查计划事先不应通知受检查方。

附 录 E
（规范性附录）
现场检查会议内容

E.1 首次会议

根据检查计划，首次会议应包括下列适用内容：

a） 检查组长主持召开首次会议，参加人员为检查组的全体成员和受检查方的有关人员。受检查方管理者代表、检查联络人员及有关部门人员应参加首次会议；

b） 全体参加首次会议的人员应在签到表上签到；

c） 由组长介绍检查组成员，包括检查员的姓名、注册资格等；由受检查方代表介绍参加首次会议的人员；组长代表检查组宣读《保密承诺及公正性声明》，并请受检查方确认；

d） 介绍检查计划中检查目的、检查依据、检查范围和检查内容，并请受检查方确认；

e） 确认产品生产及相关领域质量管理体系范围内的人员、部门、场所；

f） 介绍检查计划安排、检查组的分工。明确有关沟通会议和末次会议的时间、参加人员等；

g） 介绍检查方法：

——应说明检查是一种抽样性的活动，具有风险性和局限性，应尽量抽取有代表性的样本以减轻抽样的风险，力求公正、科学、真实地反映受检查方基本状况；

——应说明检查是一种正面寻找客观证据的活动。

h） 介绍可能开具不合格报告，说明不合格程度及不合格的性质的确定；

i） 介绍检查结论的生成原则；

j） 明确受检查方投诉、申诉的方式方法；

k） 提出配合需求：

1） 确定联络人员，并说明联络人员的作用，明确联络人员的作用为向导、见证和联络；

2） 提醒受检查方明确检查中是否有禁止检查员涉及的领域、场所和内容，请受检查方介绍诸如安全防护注意事项并请其提供相关便利条件；

3） 有关后勤工作的要求和安排（包括临时办公地点、检查组所需资源和设备）。

l） 澄清受检查方的有关疑问；

m） 提请受检查方确认检查安排等。

E.2 末次会议

末次会议应包括下列适用内容：

a） 检查组长主持召开末次会议，参加人员为检查组的全体成员和受检查方的有关人员。受检查方管理者代表、检查联络人员及有关部门人员应参加末次会议；

b） 重申检查目的，检查范围、内容和检查依据；

c） 对工厂的总体情况作出评价；

d） 宣读不合格报告；

e） 提出采取纠正措施的要求及完成纠正措施的时间，应明确不合格报告纠正措施验证方式；

f） 宣布检查结论；

g） 重申保密承诺及公正性声明；

h） 说明证书和标志的使用规定；

i） 证书保持、扩大、缩小、暂停和撤销/注销的有关规定；

j） 获证后监督要求(必要时)；

k） 获取产品认证管理信息的有关说明。

E.3 其他现场会议

其他现场会议内容由审核组长根据审核计划和实际需要确定。

ICS 13.220.01
C 84

中华人民共和国消防救援行业标准

XF 1025—2012

消防产品 消防安全要求

Fire products—Requirements for fire safety

2012-11-23 发布 2012-11-23 实施

中华人民共和国应急管理部 公布

前言

根据公安部、应急管理部联合公告(2020 年 5 月 28 日)和应急管理部 2020 年第 5 号公告(2020 年 8 月 25 日),本标准归口管理自 2020 年 5 月 28 日起由公安部调整为应急管理部,标准编号自 2020 年 8 月 25 日起由 GA 1025—2012 调整为 XF 1025—2012,标准内容保持不变。

本标准的第 4、5 章为强制性的,其余为推荐性的。

本标准按照 GB/T 1.1—2009 给出的规则起草。

本标准由公安部消防局提出。

本标准由全国消防标准化技术委员会第三分技术委员会(SAC/TC 113/SC 3)归口。

本标准起草单位:公安部消防局、公安部消防产品合格评定中心、公安部天津消防研究所、公安部上海消防研究所、公安部沈阳消防研究所、公安部四川消防研究所。

本标准主要起草人:王鹏翔、东靖飞、余威、张德成、程道彬、刘程、王瑛、沈坚敏、赵华利、陆曦、冯伟、庄爽、徐耀亮、刘霖、王学来、刘连喜、毛毅平、聂涛、李海涛、蒋旭东。

本标准为首次发布。

引　言

本标准是依据《中华人民共和国消防法》《中华人民共和国产品质量法》以及公安部、国家工商总局、国家质检总局发布的《消防产品监督管理规定》,为满足消防产品质量监督管理工作需要组织制定的。

本标准规定了我国主要种类消防产品的功能性和安全性要求,适用于新研制的尚未制定国家标准、行业标准的消防产品。

本标准的发布实施,对于规范消防产品技术鉴定工作,推动消防科学研究和技术创新,推广应用先进的消防和应急救援技术、设备,保障消防产品质量,具有十分重要的意义。

消防产品 消防安全要求

1 范围

本标准规定了消防产品的消防安全要求，包括功能性和安全性两方面的基本要求。

本标准适用于新研制的尚未制定国家标准、行业标准的消防产品。

2 规范性引用文件

下列文件对于本文件的应用是必不可少的。凡是注日期的引用文件，仅注日期的版本适用于本文件。凡是不注日期的引用文件，其最新版本(包括所有的修改单)适用于本文件。

GB 150(所有部分) 压力容器

GB/T 2423.1 电工电子产品环境试验 第2部分:试验方法 试验A:低温

GB/T 2423.2 电工电子产品环境试验 第2部分:试验方法 试验B:高温

GB/T 2423.3 电工电子产品环境试验 第2部分:试验方法 试验Cab:恒定湿热试验

GB/T 3098.1—2010 紧固件机械性能 螺栓、螺钉和螺柱

GB/T 3098.2—2000 紧固件机械性能 螺母 粗牙螺纹

GB 3445 室内消火栓

GB 3836.1 爆炸性环境 第1部分:设备 通用要求

GB 3836.2 爆炸性环境 第2部分:由隔爆外壳“d”保护的设备

GB 3836.3 爆炸性环境 第3部分:由增安型“e”保护的设备

GB 3836.4 爆炸性环境 第4部分:由本质安全型“i”保护的设备

GB 4208 外壳防护等级(IP代码)

GB 4351.1 手提式灭火器 第1部分:性能和结构要求

GB 4452 室外消火栓

GB 5099 钢质无缝气瓶

GB 5100 钢质焊接气瓶

GB 5135(所有部分) 自动喷水灭火系统

GB/T 5169.5—2008 电工电子产品着火危险试验 第5部分:试验火焰 针焰试验方法 装置、确认试验方法和导则

GB/T 5169.10—2006 电工电子产品着火危险试验 第10部分:灼热丝/热丝基本试验方法 灼热丝装置和通用试验方法

GB/T 5907 消防基本术语 第一部分

GB 5908 石油储罐阻火器

GB 6245—2006 消防泵

GB 6969 消防吸水胶管

GB 8109 推车式灭火器

GB 8624 建筑材料及制品燃烧性能分级

GB/T 13347 石油气体管道阻火器

GB 13495 消防安全标志

GB 14193　液化气体气瓶充装规定
GB 14194　永久气体气瓶充装规定
GB/T 16463　广播节目声音质量主观评价方法和技术指标要求
GB 16668　干粉灭火系统及部件通用技术条件
GB 16838—2005　消防电子产品　环境试验方法及严酷等级
GB 18428　自动灭火系统用玻璃球
GB/T 20285　材料产烟毒性危险分级
GB 20286—2006　公共场所阻燃制品及组件燃烧性能要求和标识
GB 22134　火灾自动报警系统组件兼容性要求
GB/T 23163—2008　铍铜合金工具类防爆性能试验方法
GB 25972—2010　气体灭火系统及部件
GB/T 26129　消防员接触式送受话器
GB 27898.1　固定消防给水设备　第1部分:消防气压给水设备
GB 27900　消防员呼救器
GB 50347　干粉灭火系统设计规范
GA 113　消火栓扳手
XF 124　正压式消防空气呼吸器
XF 480(所有部分)　消防安全标志通用技术条件
XF 494　消防用防坠落装备
XF 602　干粉灭火装置
XF 632　正压式消防氧气呼吸器
XF/T 635　消防用红外热像仪
XF 863　消防用易熔合金元件通用要求
GY/T 134　数字电视图像质量主观评价方法
JB/T 6441　压缩机用安全阀
TSG R0004　固定式压力容器安全技术监察规程
气瓶安全监察规程(国家质检总局锅发2000[250]号)
IMO A.658(16)　在救生设备上使用和装贴逆向反光材料的建议

3　术语和定义

GB/T 5907界定的以及下列术语和定义适用于本文件。

3.1

消防产品　fire product

专门用于火灾预防、灭火救援和火灾防护、避难、逃生的产品。

3.2

功能性要求　functional requirement

消防产品为满足火灾预防、灭火救援、火灾防护和避难逃生等功能应具备的基本要求。

3.3

安全性要求　safety requirement

为确保实现功能性要求,消防产品应具备的自身安全要求及其防护、运行、储运和环境保护等方面的要求。

4 总则

4.1 消防产品应符合有关法律、法规和产业政策的规定，并符合保障人体健康和人身、财产安全的要求。

4.2 消防产品应具有火灾预防、灭火救援、火灾防护、避难、逃生中的一项或多项功能。

4.3 消防产品除满足其自身安全要求外，不应具有引发火灾、增加火灾危害及其他危害的可能性，还应具有确保实现消防产品功能性要求的防护、运行、储运、环境等方面的条件或措施。

4.4 为验证消防产品的消防安全要求，应采用先进的试验方法和科学的验证手段。

4.5 消防产品应使用符合有关法律、法规和强制性标准要求的标志，标志的内容、施加形式等应符合相关规定。

4.6 消防产品所采用的包装材料，不应与产品发生物理或化学作用从而影响产品或包装的质量。采用包装容器的，容器应完整无损。消防产品的外包装上应注明产品名称、数量、重量及标示产品的码放、存贮、运输等要求。

4.7 属于国家专项管理范围内的消防产品，其包装、存贮、运输应遵守有关法律法规和专项管理的规定。

5 要求

5.1 火灾报警类产品

5.1.1 功能性要求

5.1.1.1 火灾报警类产品应具有火灾早期探测、发出火灾报警信号及控制信号等消防功能。一般包括火灾触发器件、火灾警报装置、火灾报警控制装置、消防联动控制装置等产品。

5.1.1.2 火灾触发器件应满足以下要求：

a） 在被监视区域的火灾参数达到其报警条件时，应发出报警信号；

b） 当产品存在影响使用功能的故障时应发出故障信号。

5.1.1.3 火灾警报装置在接收到启动控制信号后应持续发出相应的警报信号。

5.1.1.4 火灾报警控制装置应满足以下要求：

a） 应能在接收到报警信号 10 s 内发出声光报警信号；

b） 具有控制输出功能的产品应能按设计要求输出控制信号；

c） 应具有故障检测功能，当产品存在影响使用功能的故障时应发出故障信号。

5.1.1.5 消防联动控制装置应满足以下要求：

a） 应能按设计要求控制受控设备启动或停止，并应能正确显示受控设备的状态；

b） 应具有故障检测功能，当产品存在影响使用功能的故障时应发出故障信号。

5.1.1.6 火灾报警类产品的系统组件之间的兼容性应满足 GB 22134 的要求。

5.1.1.7 程序和数据的存贮应满足以下要求：

a） 程序和出厂设置等预置数据应存贮在不易丢失信息的存储器中。改变上述存储器内容应通过特殊工具或密码实现，并且不应能在产品正常运行时进行；

b） 现场设置的数据应被存贮在探测器无外部供电情况下信息至少能保存 14 d 的存储器中，除非有措施保证在探测器电源恢复后 1 h 内对该数据进行恢复。

5.1.2 安全性要求

5.1.2.1 火灾报警类产品交流电源输入端与机壳间的绝缘电阻值应不小于 50 MΩ；有绝缘要求的外部带电端子与机壳间的绝缘电阻值应不小于 20 MΩ。

5.1.2.2 火灾报警类产品交流电源输入端与机壳间应能耐受频率为 50 Hz、有效值电压为 1 250 V 的交流电压历时 1 min 的电气强度试验，试验期间不应发生击穿现象。

5.1.2.3 火灾报警类产品在 1.06 倍额定电压工作时，泄漏电流应不大于 0.5 mA。

5.1.2.4 火灾报警类产品应能耐受 GB 16838—2005 要求的高温(运行)试验、低温(运行)试验、恒定湿热(运行)试验，试验期间及试验后应保证功能正常。

5.1.2.5 火灾报警类产品应能耐受 GB 16838—2005 要求的射频电磁场辐射抗扰度试验、静电放电抗扰度试验、浪涌(冲击)抗扰度试验，试验期间及试验后应保证功能正常。

5.1.2.6 火灾报警类产品外壳材料的阻燃性能不应低于 GB 8624 中 B_1 级要求，外壳防护等级不应低于 GB 4208 规定的 IP30 等级，适用于室外使用的产品应具有防尘功能和防水功能。

5.1.2.7 火灾报警类产品接线端子的结构应保证良好的电接触和预期的载流能力，其所有的接触部件和载流部件应由导电的金属制成，并应有足够的机械强度。

5.1.2.8 火灾报警类产品内部主要电子、电气元件的最大温升不应大于 60 ℃。环境温度为(25±3)℃条件下，内置变压器、镇流器等发热元部件的表面最大温度不应超过 90 ℃。电池周围(不触及电池)环境最大温度不超过 45 ℃。

5.1.2.9 工作电压有效值大于 50 V 的产品内部的爬电距离不应小于 2.5 mm，电气间隙不应小于 1.7 mm。

5.2 防火材料类产品

5.2.1 功能性要求

5.2.1.1 防火材料类产品应具有防火、阻燃、隔热等消防功能。一般包括饰面型防火涂料、钢结构防火涂料、电缆防火涂料、混凝土结构防火涂料、防火封堵材料等产品。

5.2.1.2 防火材料类产品应具有一定燃烧性能要求或具有一定等级的耐火极限，且不低于相关工程建设国家标准的要求。

5.2.1.3 防火材料类产品应根据其使用环境的要求规定黏结强度、耐水性、耐冻融循环性、耐湿热性、耐酸性、耐碱性、抗压强度、密度等技术要求。

5.2.1.4 防火材料类产品产烟毒性等级不应低于 GB/T 20285 规定的 ZA_1 级。

5.2.2 安全性要求

5.2.2.1 防火材料类产品的组分应对人体无毒无害，符合健康、环保的有关规定，其生产工艺应符合国家相关安全、环保标准和规定。

5.2.2.2 生产防火阻燃产品，生产人员应有卫生安全防护措施；生产和施工溶剂型防火阻燃产品，应有防火、防爆措施，且应符合国家相关标准和规定。

5.3 建筑耐火构件类产品

5.3.1 功能性要求

5.3.1.1 建筑耐火构件类产品应具有防火、隔火和防烟等消防功能。一般包括防火门、防火窗、防火卷帘、防火玻璃等建筑防火分隔物产品。

5.3.1.2 建筑耐火构件类产品应具有一定等级的耐火极限，且不低于相关工程建设国家标准的要求。

5.3.1.3 建筑耐火构件类产品应具有确保火灾时保持关闭或开启的功能，运行或启闭过程中应灵活、稳定，无卡阻现象，产品部件需要人力启闭时，应保证人员启闭方便、可靠，力矩适当。

5.3.1.4 具有联动性能的产品，当接收消防联动信号后，联动控制装置应能够及时作出反应，控制运动部件迅速执行指令，且动作灵活、稳定、无卡阻现象。

5.3.1.5　带电工作的产品，其电源性能、绝缘性能、耐压性能等应符合相关标准的规定。

5.3.2　安全性要求

5.3.2.1　产品所使用的原材料应对人体无毒无害，符合健康、环保的有关规定。

5.3.2.2　产品使用的填充材料、板材、龙骨、框架等应为非金属材料，应使用耐火材料，满足一定的燃烧性能等级。

5.3.2.3　防火玻璃的弓形弯曲度不应超过0.3%，波形弯曲度不应超过0.2%，可见光透射比的偏差值应符合相关标准规定。

5.4　阻火抑爆类产品

5.4.1　功能性要求

5.4.1.1　阻火抑爆类产品应具有阻止火焰外泄、抑制爆炸等消防功能。一般包括石油储罐阻火器、石油管道阻火器等产品。

5.4.1.2　石油储罐阻火器应能耐受GB 5908要求的阻爆试验、耐烧试验，并且功能正常。

5.4.1.3　石油管道阻火器应能耐受13次GB/T 13347要求的阻爆燃、阻爆轰试验、耐烧试验，并且功能正常。

5.4.1.4　阻火器流通介质的火焰速度应小于阻火器标志上注明的最大火焰速度，若资料中查找不到介质的火焰速度，则需要进行实际测试

5.4.2　安全性要求

5.4.2.1　阻火器的强度应满足：试验压力为10倍介质最高工作压力，压力保持时间为5 min，阻火器不应出现渗漏、裂痕或永久变形。

5.4.2.2　阻火器的密封应满足：试验压力为1.1倍介质最高工作压力，压力保持时间为5 min，阻火器不应出现泄漏。

5.5　消防车辆类产品

5.5.1　功能性要求

5.5.1.1　消防车辆类产品应具有灭火、抢险、登高、照明、排烟、供水、供液、供气、化学洗消等消防功能。一般包括消防车、消防摩托车等产品。

5.5.1.2　消防车产品应满足以下要求：

a）　改装选用的底盘应符合国家相关的要求，改装应不影响底盘性能；

b）　行驶性能应符合国家相关标准的要求；

c）　各上装部件与底盘的连接、固定应可靠，工作应正常；

d）　相应的器材及附件应配备齐全，布置合理，固定可靠；

e）　警用声、光报警装置、各仪器仪表和操纵手柄、按钮应工作正常，相应的功能指示和操作说明应齐全；

f）　标志和标识应符合相关要求；

g）　应具有良好的维修性以及各类环境下的适应性。

5.5.1.3　消防摩托车产品满足以下要求：

a）　所有改装选用的摩托车底盘应符合国家相关的要求；

b）　车载灭火装置与摩托车底盘连接可靠，改装后的消防摩托车不应出现行驶时偏斜、转向沉重、抖动等危及安全行驶的现象；

c) 消防摩托车的灭火装置、救援装置和警用声、光装置应能正常工作。

5.5.2 安全性要求

5.5.2.1 消防车产品应满足以下要求：

a) 满载质量以及各轴载质量均不应超过底盘厂规定的最大限值，同轴两侧轮载相差不应大于底盘厂允许该轴轴荷的 7%。

b) 外廓尺寸、质心高度、侧倾稳定性能、制动性能、后视野性能、外部照明和信号装置的安装要求、内饰材料的燃烧特性、燃油系统及排气管口指向、侧面及后下部防护应符合相关标准要求。

c) 外表面不应有尖锐突出物和锐利的边缘。消防装置操作区域周围不应有可能对操作人员造成伤害的物品、热源。对危及人员安全的热表面、高速回转物以及压力出口均应设有防护装置。消防车使用的压力容器应由具有国家相应生产资质的企业制造，压力容器在消防车上安装时，其与硬物接触处应衬上柔软、耐腐和减震的衬物。

d) 各机械、液压和电气安全系统以及相应的报警装置应工作可靠，满足使用要求。

5.5.2.2 消防摩托车产品应满足以下要求：

a) 满载质量、前轴载质量、后轴载质量均不应超过底盘厂规定的最大限值；

b) 二轮、四轮消防摩托车的制动距离不应大于 7 m，正三轮消防摩托车的制动距离不应大于 7.5 m，边三轮消防摩托车的制动距离不应大于 8 m；

c) 装载喷雾灭火装置的消防摩托车应至少到达 4A、34B 灭火级别，装载干粉灭火装置或泡沫灭火装置的消防摩托车应至少到达 4A、144B 灭火级别。

5.6 抢险救援类产品

5.6.1 功能性要求

5.6.1.1 抢险救援类产品应具有破拆、支撑、封堵及远距离抛射等消防功能。一般包括水域救援器材、消防破拆工具、消防堵漏器材、救援起重气垫等产品。

5.6.1.2 水域救援器材应满足以下要求：

a) 适用于水上抢险救援时使用，其主体应选用能提供稳定浮力、密度低于水的固有浮力材料；

b) 金属部件应采用耐腐蚀材料制造或经防腐蚀处理，使其满足相应的耐腐蚀性能要求；

c) 反光带的材料应满足 IMO A.658(16)的要求；其连接件和紧固件应装配牢固、固定可靠。

5.6.1.3 消防破拆工具应满足以下要求：

a) 适用于消防员在灭火、抢险救援等作业中使用；

b) 金属部件应采用耐腐蚀材料制造或经防腐蚀处理，连接件和紧固件应装配牢固、固定可靠；

c) 经强度试验后，手动破拆工具不应出现明显缺刃、卷边和裂纹等影响适用性的损伤；

d) 液压破拆工具不应出现液压油泄漏或机械损坏现象；电动破拆工具和气动破拆工具不应出现工作故障或机械损坏现象；机动破拆工具和水力破拆工具不应出现锯片或链条断裂、工作故障或机械损坏现象。

5.6.1.4 消防堵漏器材应满足以下要求：

a) 应具有带压快速封堵各种容器(贮罐)、管道、阀门、法兰等气体或液体泄漏的功能；

b) 接触面上的封堵材料，应具有耐 80%的硫酸、30%的盐酸、40%硝酸和 6.1 mol/L 的氢氧化钠溶液腐蚀以及耐 120＃汽油的耐酸、耐油性能。

5.6.1.5 救援起重气垫应满足以下要求：

a) 适用于不规则重物的起重，由高强度橡胶及增强性材料制成，靠气垫充气后产生的体积膨胀起到支撑、托举作用；

b） 其金属部件应采用耐腐蚀材料制造或经防腐蚀处理，其连接件和紧固件应装配牢固、固定可靠。

5.6.1.6 消防梯应满足以下要求：

a） 梯蹬与侧板应紧密吻合，不应松动、加楔；金属梯蹬应有防滑措施；

b） 紧固件应垂直旋紧，不应有突出的钉头锋口和毛刺等缺陷；铆钉应紧固并呈平整半圆头；

c） 外表面应光滑无毛刺，表面应涂不导电的涂料保护，竹、木表面呈橘黄色，金属零件镀锌（或镀铬）或涂黑色磁漆；涂料表面光滑，色泽均匀，无漏涂、流痕和影响外表面质量的缺陷；

d） 侧板应设有角度仪，能可靠指示梯身与地平面的夹角；

e） 大于等于 12 m 的消防梯应装有支撑杆，支撑杆应妥善固定在基础梯节上。

5.6.2 安全性要求

5.6.2.1 水域救援器材应满足以下要求：

a） 在淡水中浸泡 24 h 后，其浮力损失不应大于 5%；

b） 经强度试验后，不应出现工作故障或破损现象，且浮力损失不应大于 5%；

c） 在 0＃柴油中浸泡 24 h 后，不应出现皱缩、膨胀、分解或破损现象，且浮力损失不应大于 5%；

d） 经可靠性试验后，不应出现工作故障、部件损坏等异常现象；

e） 使用气瓶作为动力源的，应设有超压保护装置，使用泵组作为动力源的，应设有溢流阀。

5.6.2.2 消防破拆工具应满足以下要求：

a） 应在操作者可能触及的传动、高温、电路、易碎等危险区域或部件设置防护装置（如防护罩、挡板等）进行隔离；

b） 具备撑顶、扩张功能的破拆工具，在动作过程中若出现动力供应中断，扩张臂和撑顶杆应具有自锁性能，其位移量应不大于 2 mm；

c） 电动破拆工具的外部带电端子与机壳间的绝缘电阻值应不小于 20 MΩ，电源输入端与机壳间的绝缘电阻值应不小于 50 MΩ；

d） 机动泵和手动泵应设有安全溢流阀，该阀的调定压力应为泵额定工作压力的 1.1 倍；

e） 气动破拆工具和水力破拆工具均应设有超压保护装置。其尺寸和安装位置应适当，动作压力应为额定工作压力的 1.1 倍。

5.6.2.3 消防防爆型（用于封堵易燃易爆泄漏场所）堵漏器材应按 GB/T 23163—2008 的规定进行金属材料的防爆性能试验。

5.6.2.4 救援起重气垫应满足以下要求：

a） 经 1.5 倍额定工作压力、3 min 的气密性能试验后，应工作正常，且无泄漏、破裂现象；

b） 经 3 倍额定工作压力、3 min 的耐压性能试验后，应无泄漏、破裂现象；

c） 应设有超压保护装置。其尺寸和安装位置应适当，动作压力调定值应为 1.1 倍额定工作压力；

d） 经 50 次连续充放的可靠性试验后，不应出现泄漏、垫体破裂、工作故障、部件损坏等异常现象。

5.6.2.5 消防梯应满足以下要求：

a） 水平弯曲残余变形比值：消防梯工作长度 $l<6$ m，不应超过 0.15%；6 m$\leqslant l<$12 m 时，不应超过 0.30%；$l\geqslant$12 m 时，不应超过 0.60%；挂钩梯不应超过 0.20%；

b） 梯蹬弯曲残余变形比值，木质消防梯不应超过 1.0%；其他种类材质的消防梯不应超过 0.5%；

c） 经梯蹬对侧板剪切试验后，梯蹬与侧板的连接处和梯蹬本身不应出现任何断裂迹象；

d） 拉梯的撑脚应进行抗冲击性能试验，试验时撑脚支撑功能应始终正常，试验后撑脚及梯蹬应无明显变形或损坏。

5.7 消防通信类产品

5.7.1 功能性要求

5.7.1.1 消防通信类产品应具有以有线、无线、计算机通信等方式实现消防部队各种信息的传递，重点保障灭火救援作战指挥的信息传递等消防功能，主要应用于火警受理、调度指挥、救援现场通信整个作战过程以及日常消防通信业务中。一般包括火警受理设备、指挥调度设备、车辆动态管理装置等产品。

5.7.1.2 主要部件应采用符合国家有关标准的定型产品，接入公网的消防通信类产品应有入网许可证。

5.7.1.3 开关和按键(钮)应灵活可靠，无接触不良、卡键现象，既能可靠发出，也不会出现连发。

5.7.1.4 消防通信类产品应优先采用标准协议，无协议标准的消防通信类产品应能提供开放的数据通信协议，保证设备或系统间的互联互通；具有图像传输功能的消防通信类产品，其实时动态图像的质量，按照 GY/T 134 中的“5 级损伤”评分标准中的评分方法进行评价，应符合表 1 的规定；具有语音传输功能的消防通信类产品，其实时声音的质量，按照 GB/T 16463 中的评分方法进行评价，应符合表 1 的规定。

表 1 图像及声音质量要求

通信速率/kbps	图像质量等级	声音质量评分
=384	=3 级	=3 分(中)
≥512	>3 级	>3 分(中)
≥768	≥4 级	≥4 分(良)

5.7.2 安全性要求

5.7.2.1 消防通信类产品交流电源输入端与机壳间的绝缘电阻值应不小于 50 MΩ；有绝缘要求的外部带电端子与机壳间的绝缘电阻值应不小于 20 MΩ。

5.7.2.2 交流电源输入端与机壳间应能耐受频率为 50 Hz、有效值电压为 1 250 V 的交流电压历时 1 min 的电气强度试验，试验期间不应发生击穿现象。

5.7.2.3 消防通信类产品在 1.06 倍额定电压工作时，泄漏电流应不大于 0.5 mA。

5.7.2.4 应能耐受 GB 16838—2005 要求的高温(运行)试验、低温(运行)试验、恒定湿热(运行)试验，试验期间及试验后应保证功能正常。

5.7.2.5 应能耐受 GB 16838—2005 要求的射频电磁场辐射抗扰度试验、静电放电抗扰度试验、浪涌(冲击)抗扰度试验，试验期间及试验后应保证功能正常。

5.7.2.6 外壳应选用不燃或阻燃材料，阻燃材料的阻燃性能应不低于阻燃 2 级要求；室内使用的产品的外壳防护等级不应低于 GB 4208 规定的 IP30 等级；室外使用的消防通信类产品应具有防尘功能和防水功能。

5.7.2.7 主要电子、电气元件的最大温升不应大于 60 ℃。环境温度为(25±3)℃条件下的内置变压器、镇流器等发热元部件的表面最大温度不应超过 90 ℃。电池周围(不触及电池)环境最大温度不超过 45 ℃。

5.7.2.8 绝缘材料应满足 GB/T 5169.10—2006 规定的灼热丝顶部温度为 650 ℃的灼热丝可燃性试验要求。

5.7.2.9 接线端子排应满足 GB/T 5169.5—2008 规定的针焰试验要求。接线端子所有的接触部件和载流部件应由导电的金属制成，并应有足够的机械强度。主电路配线应采用工作温度参数大于 105 ℃ 的阻燃导线(或电缆)；连接线槽的阻燃性能应满足阻燃 2 级的要求。

5.8 消防员个人防护装备类产品

5.8.1 功能性要求

5.8.1.1 消防员个人防护装备类产品应具有消防员进行火灾扑救时保护其自身安全等消防功能。一般包括消防头盔、消防员灭火防护服、消防手套、消防员灭火防护靴、消防员呼吸保护装具、消防员呼救器、消防员照明灯具、消防员接触式送受话器、消防红外热像仪、救生照明线、消防用防坠落装备等产品。

5.8.1.2 消防头盔应满足以下要求：

a) 帽壳表面应色泽鲜明、光洁，不能有污渍、气泡、缺损及其他有损外观的缺陷；各部件的安装应到位、牢固、端正，无松脱、滑落现象；经耐热试验后帽壳不能触及头模，帽壳后沿变形下垂不应超过 40 mm，帽舌和帽壳两侧变形下垂均不应超过 30 mm，帽箍、帽托、缓冲层和下颏带均应无明显变形和损坏；左、右水平视野应大于 105°；

b) 面罩应采用无色或浅色透明的具有一定强度和刚性的耐热材料；表面应无明显的擦伤或打毛痕迹，周边光滑，无棱角，伸缩或反转应灵活，脱卸应方便；经耐热试验后应无明显变形或损坏；分别经抗高强度冲击试验和抗高速粒子冲击试验后，应不破碎或有明显冲击斑迹；无色透明面罩和浅色透明面罩的透光率分别应不小于 85％和 43％；

c) 披肩缝制平整，不应有脱线、跳针以及破损、污渍等缺陷，缝制针距密度明的暗线每 3 cm 不应小于 12 针，包缝线每 3 cm 不小于 9 针；经耐热试验后应无明显变形或损坏；损毁长度不应小于 100 mm，续燃时间不应大于 2 s，且不应有熔融、滴落现象；耐静水压不应小于 17 kPa；装卸式披肩，应采用具有阻燃防水性能的纤维织物。

5.8.1.3 消防员灭火防护服应满足以下要求：

a) 应由外层、防水透气层、隔热层、舒适层多层织物复合而成；防护上衣对消防员的上部躯干、颈部、手臂和手腕提供保护，但保护的范围不包括头部和手部，防护上衣和防护裤子多层面料之间的重叠部分不应小于 200 mm；衣领高度应不小于 100 mm，并应有搭接或扣牢配件；袖口应设计得使之能保护消防员的手腕，并防止燃烧的废碎片进入到袖子中。袖口不应妨碍保护服的穿着，并应与防护手套的佩戴相配合；反光标志带应牢固地缝合在防护服上衣和裤子上，分体式防护服在上衣胸围、下摆、袖口、裤脚处缝合宽度不应小于 50 mm 的反光标志带。反光标志带的设置，应在 360°方位均能可见；标签应放置在防护上衣前胸左侧的舒适层上；防护服的颜色为藏蓝色；所有五金件应经防腐处理，经高温试验后，应保持其原有的功能、并无斑点、结节或尖利的边缘；应选用具有阻燃性的缝纫线和搭扣，颜色与外层面料相匹配；防护上衣的前门襟处应选用不小于 8 号的拉链，颜色与外层面料相匹配；防护裤子的背带应选用松紧带；

b) 经阻燃性能试验后，损毁长度不应大于 100 mm，续燃时间不应大于 2 s，且不应有熔融、滴落现象；沾水等级不应小于 3 级；经、纬向干态断裂强力不应小于 650 N，经、纬向撕破强力不应小于 100 N；经(260±5)℃热稳定性能试验后，沿经、纬方向尺寸变化率不应大于 10％，试样表面无明显变化；单位面积质量应为面料供应方提供的额定量的±5％；耐洗沾色不应小于 3 级，耐水摩擦不应小于 3 级；

c) 防水透气层耐静水压不应小于 17 kPa，水蒸气透过量不应小于 5000 g/(m^2 · 24 h)，经(180±5)℃热稳定性能试验后，沿经、纬方向尺寸变化率不应大于 5％，试样表面无明显变化；

d) 隔热层经阻燃性试验后，损毁长度不应大于 100 mm，续燃时间不应大于 2 s，且不应有熔融、滴落现象；经(180±5)℃热稳定性能试验后，沿经、纬方向尺寸变化率不应大于 5％，试样表面无明显变化；舒适层不应有熔融和滴落现象；

e） 针距密度应符合各部位缝制线路顺直、整齐、平服、牢固、松紧适宜，明暗线每 3 cm 不应小于 12 针，包缝线每 3 cm 不小于 9 针；缝纫线经高温试验后，应无融化、烧焦的现象；

f） 色差应符合防护服的领与前身、袖与前身、袋与前身、左右前身不应小于 4 级，其他表面部位不应小于 4 级。

5.8.1.4 消防手套应满足以下要求：

a） 应有外层、防水层、隔热层、衬里等部分组合制成，长度应环形延伸，并应超出腕关节不少于 25 mm；带有袖筒的手套，其袖筒的长度不应小于 50 mm；经阻燃性能试验后，手套和袖筒外层和隔热层材料的损毁长度不应大于 100 mm，续燃时间和阻燃时间均不应大于 2.0 s，且不应有熔融、滴落现象；衬里材料不应有熔融、滴落现象；经 260 ℃和 180 ℃耐热性能试验后，试样表面应无明显变化，且不应有熔融、脱离和燃烧现象，其收缩率应分别不大于 8%和 5%；

b） 本体掌心面和背面材料预处理后，其耐磨性能、割破力、撕破强力、刺穿力、灵巧性能应符合相关标准规定。当两者材料相同时，可只对掌心面外层材料进行试验。若手套带有袖筒，以各部分材料的最小割破力确定性能；

c） 根据规定进行预处理后，戴手套与未戴手套的拉重力比不应小于 80%；

d） 根据规定进行预处理后，手套穿戴时间不应超过 25 s；

e） 按规定洗涤、烘干后，手套标签上的文字和图形应清晰可见。

5.8.1.5 消防员灭火防护靴应满足以下要求：

a） 靴面不应有起皱、砂眼、杂质、气泡、疙瘩硬粒、粘伤痕迹、亮油擦伤等有损外观的缺陷；靴面与夹里布、内底布以及防砸内包头衬垫均应平整，并且不应有脱壳现象；胶靴不应有脱齿弹边、脱空、开胶、喷霜、过硫和欠硫现象；靴面、围条和外底材料的物理机械性能、外观质量应符合相关标准规定；

b） 帮面、围条和外底材料经耐油性能试验后，体积变化应在(−2～+10)%范围内；经化学剂浸渍后的物理机械性能应符合相关标准规定；靴面经抗切割试验后，不应被割穿；靴面经辐射热通量为(10±1)kW/m^2，辐照 1 min 后，其内表面温升应不大于 22 ℃；在隔热性能试验中被加热 30 min 时，靴底内表面的温升应不大于 22 ℃；在防水性能试验时不应出现渗水现象；在进行防滑性能试验时，始滑角不应小于 15°。

5.8.1.6 消防员呼吸保护装具应满足以下要求：

a） 正压式消防空气呼吸器的结构要求、佩戴质量、整机密封性能、耐高温性能、耐低温性能、静态压力、面罩性能、减压器性能、安全阀性能、压力表、高压部件强度、中压导气管应按 XF 124 中相关条款的规定进行检查并应符合要求；

b） 正压式消防氧气呼吸器的外观质量、结构要求、佩戴质量、气密性、供氧性能、自动补给阀开启压力、排气阀开启压力、耐温性能、压力表、面罩性能、气囊或呼吸舱有效容积、呼吸软管、呼气阀和吸气阀、减压器安全阀、高压部件强度应按 XF 632 中相应条款的规定进行检查并应符合要求。

5.8.1.7 消防员呼救器应满足以下要求：

a） 处于自动工作状态时，应具有预报警功能。当静止时间超过允许静止时间时，应发出快速的断续预报警声响信号。在预报警期间，呼救器工作方位发生变化或呼救器作速率不小于 5 m/s的平面匀速运动时，预报警声响信号应立即解除。

b） 处于自动工作状态时，当静止时间超过允许静止时间和预报警时间之和时，应发出连续报警声响信号和方位指示频闪光信号。在报警期间，报警声响信号和方位指示频闪光信号不受呼救器工作方位变化或运动速率变化的影响，并应只能手动消除。

c） 处于手动工作状态时，应发出与自动报警功能相同的报警声响信号和方位指示频闪光信号。

在手动报警期间，报警声响信号和方位指示频闪光信号应不受呼救器工作方位变化或运动速率变化的影响。

d） 当供电电池的电压低于额定电压的80%时，应发出区别于预报警声响信号的慢速断续告警声响信号或光信号。

e） 应设置“关—手动—自动”转换开关。转换开关应灵活可靠、坚固耐用，并有防误动作结构。

f） 允许静止时间应为(30±2)s。

g） 预报警时间应为(15±2)s。

h） 预报警声级强度应不小于80 dB。

i） 报警声级强度应不小于100 dB。

j） 低电压告警声级强度应不小于65d B。

k） 连续开机时间应不小于24 h；连续报警时间应不小于240 min。

l） 质量应不大于300 g(包括电池)。

m） 发光亮度应不小于300 cd/m^2。

n） 通信型呼救器发射频率应符合国家无线电管理委员会指定的工作频段或频点及相关要求。其发射频率误差不应大于±25 kHz；频率稳定度应不大于±2.5 ppm；接收灵敏度应不大于0.5 μv(信噪比为12 dB)；有效通信距离(空旷地带)应不小于800 m。

o） 通信型呼救器处于报警状态时，应发出报警声响信号和方位指示频闪光信号。同时，呼救器应能发射信号至接收终端予以识别，并能接收并识别来自接收终端发射的信号。

5.8.1.8 消防员照明灯具应满足以下要求：

a） 在连续工作后，应具有低电压警示功能；

b） 应具有强光、弱光和闪烁等光源模式转换功能。

5.8.1.9 消防员接触式送受话器应满足以下要求：

a） 送受话器各部件应无锐边、毛刺等缺陷；送受话器直接与佩带者皮肤接触的材料应不对人体皮肤产生刺激和不良反应；送受话器应保证佩带后不影响消防员其他个人装备的有效佩带；

b） 送受话器通信时语音应清晰，无明显刺耳声及其他杂音；

c） 送受话器处于待机受话状态时，按下通话按键即转换为送话状态，松开通话按键即转换为受话状态；

d） 送受话器的佩带质量应不大于300 g；

e） 在音频频率范围内(300～3400)Hz，送话灵敏度应为(－20±5)dB；

f） 在送话状态下送话的谐波失真系数r应不大于10%；

g） 送受话器噪音抗扰等级应不小于95 dB；

h） 送受话器语音清晰度应不低于3级；

i） 在受话状态下，受话器输入阻抗应不小于8 Ω；

j） 直流电源供电型送受话器持续工作时间应不小于8 h。

5.8.1.10 消防红外热像仪应满足以下要求：

a） 在红外方式下，应具有白热、黑热、伪彩色三种显示模式，并有温度测量值、电池耗量比例显示功能；

b） 具有图像冻结功能(救助型热像仪可不具备)；

c） 具有图像存储功能(救助型热像仪可不具备)；

d） 具有图像降噪功能；

e） 具有真实还原所摄热像功能(救助型热像仪可不具备)；

f） 具备中文的操作菜单或提示功能(救助型热像仪可不具备)；

g） 具有在输入目标距离、目标发射率、环境温度、相对湿度后，自动计算修正大气透过率和目标

表面发射率对测量结果影响的功能(救助型热像仪可不具备);

h) 质量不应大于 3 kg(包括电池);

i) 在环境温度(23±5)℃、焦距 50 mm、F 数为 1 时,热像仪的 NETD 不应大于 0.2 K;

j) 在不同环境温度工作时,温度测量值的漂移不应大于 2 ℃或黑体设定温度的 2%;

k) 连续稳定工作时间不应小于 2 h;

l) 测温范围应在(-20~+500)℃范围内;

m) 检测型热像仪的空间分辨力不应大于 2.5 mrad,救助型热像仪的空间分辨力应为(3~4)mrad;

n) 检测型热像仪不应大于±2 ℃或测量值(℃)的±2%;救助型热像仪不应大于±10 ℃或测量值(℃)的±10%;

o) 救助型热像仪在环境温度 80 ℃时持续工作时间不应少于 30 min;在环境温度 120 ℃时持续工作时间不应少于 10 min;在环境温度 260 ℃时持续工作时间不应少于 5 min;

p) 救助型热像仪应可在浓烟中清晰地观察到目标体的图像。

5.8.1.11 救生照明线应满足以下要求:

a) 具有导向功能,线体每间隔(2±0.1)m 应有一个清晰可见的方向标志;

b) 直流电源供电的常亮型照明线,连续工作时间应不小于 8 h;直流电源供电的闪烁型照明线,连续工作时间应不小于16 h。

5.8.1.12 消防用防坠落装备应满足以下要求:

a) 安全绳应为连续结构,主承重部分应由连续纤维制成。表面应无任何机械损伤现象,整绳粗细均匀、结构一致。

b) 安全腰带的织带应为一整根,不应有接缝。

c) 安全吊带的腰部前方或胸剑骨部位至少应有一个承载连接部件。承重织带宽度应不小于 40 mm且不大于 70 mm。

d) 安全带应能调节尺寸大小以适合不同体型佩戴,拉环不允许焊接,带扣与拉环应无棱角、毛刺,不应有裂纹、明显压痕和划伤等缺陷,其边缘应呈弧形。

e) 安全钩应为手锁或自锁式设计。

5.8.2 安全性要求

5.8.2.1 消防头盔应满足以下要求:

a) 冲击吸收性能、耐穿透性能、耐燃烧性能应符合相关标准的要求;

b) 帽壳泄漏电流不应超过 3 mA。

5.8.2.2 消防员灭火防护服应满足以下要求:

a) 整体防护性能应满足热防护能力(TPP 值)不小于 28.0 cal/cm^2;

b) 外层材料接缝断裂强力不应小于 650 N;

c) 反光标志带在温度为(260±5)℃条件下,进行耐热试验 5 min 后,表面应无炭化、脱落现象;经高低温试验后,不应出现断裂、起皱、扭曲的现象;逆反射系数应符合相关标准的要求。

5.8.2.3 消防手套应满足以下要求:

a) 整体热防护性能应满足热防护能力(TPP 值)不小于 20.0 cal/cm^2;

b) 防水层和其缝线的防水性能应符合相关标准的要求。

5.8.2.4 消防员灭火防护靴应满足以下要求:

a) 靴头分别经 10.78 kN 静压力试验和冲击锤质量为 23 kg、落下高度为 300 mm 的冲击试验后,其间隙高度均不应小于 15 mm;

b) 外底抗刺穿力不应小于 1 100 N;

c） 击穿电压不应小于 5 000 V，且泄漏电流应小于 3 mA。

5.8.2.5 消防员呼吸保护装具应满足以下要求：

a） 正压式消防空气呼吸器的动态呼吸阻力、警报器性能、供气阀性能、气瓶、气瓶瓶阀、人员佩戴性能应符合相关标准的要求；

b） 正压式消防氧气呼吸器的防护性能、正压性能、压力报警、人员佩戴性能应按 GA 632 中相关条款的规定进行检查并应符合要求。气瓶和气瓶瓶阀应符合相关标准的要求。

5.8.2.6 消防员呼救器应满足以下要求：

a） 防爆性能应符合 GB 3836.1 的规定；

b） 正负电极与外壳间绝缘电阻在正常使用环境条件下不应低于 50 MΩ；正负电极与外壳间绝缘电阻在湿热试验后不应低于 10 MΩ；

c） 置于水深为 1.5 m 的容器内 2 h，呼救器应无水渗入，并能正常工作；

d） 应能耐受 GB 27900 要求的耐气候环境和耐机械环境试验，试验期间及试验后应保证功能正常。

5.8.2.7 消防员照明灯具应满足以下要求：

a） 绝缘电阻、耐压强度、短路保护、表面温度应符合 GB 3836.1 的规定；

b） 应为爆炸性气体环境用Ⅱ类电气设备；

c） 应具有防爆性能。其防爆型式可为隔爆型"d"、增安型"e"或本质安全型"i"，并应分别符合 GB 3836.2、GB 3836.3 和 GB 3836.4 的规定；

d） 耐高温性能、耐低温性能和耐湿热性能，应分别符合 GB/T 2423.1[温度(50±2)℃、2 h]、GB/T 2423.2[温度(−20±2)℃、2 h]和 GB/T 2423.3[温度 40 ℃、湿度(93±3)%、2 h]的规定；

e） 耐热剧变性能、耐振动性能、抗跌落性能、抗冲击性能、防护性能，不应低于 GB 4208 中 IP55 的规定。

5.8.2.8 消防员接触式送受话器应满足以下要求：

a） 信号输入、输出端与外壳或导电金属之间的绝缘电阻应不小于 1 MΩ。

b） 应能耐受 GB/T 26129 要求的耐气候环境和耐机械环境试验，试验期间及试验后应保证功能正常。

c） 应能承受 GB 16838—2005 中静电放电Ⅱ级的抗扰度试验，试验后应保证功能正常。

d） 应能承受 GB 16838—2005 中电磁场辐射Ⅱ级的抗扰度试验，试验后应保证功能正常。

e） 外壳防护性能应符合 GB 4208 规定的 IP55 的要求。

f） 各个组件的连接处的连接拉力应不小于 100 N。经拉力试验后，各连接端不应出现连接线松动、脱落现象，且应保证功能正常。

g） 防爆性能应符合 GB 3836.1 的规定。

5.8.2.9 消防红外热像仪应满足以下要求：

a） 以三个方向（*X*/*Y*/*Z*）从 1 m 高度各自由跌落到硬质地面一次后，检查热像仪功能，应保证功能正常（把手如损坏，允许更换）；

b） 应能耐受 XF/T 635 要求的环境适应性试验，试验期间及试验后应保证功能正常；

c） 救助型热像仪应符合 GB 4208 外壳防护等级中 IP67 的要求；检测型热像仪应符合 GB 4208 外壳防护等级中 IP54 的要求。

5.8.2.10 救生照明线应满足以下要求：

a）线体表层与导线间的绝缘电阻应不小于 50 MΩ；

b） 由交流电源供电的照明线，外部带电端子与配电箱外壳间应能经受(1 500±100)V 电压，持续时间 1 min 的耐压强度试验，试验时应无击穿、闪络现象；

c） 线体应能承受不小于 300 N 的拉力。按标准规定试验后，线体及发光源应无损坏，照明线应能正常工作；

d） 在连续工作时间内，线体表面温度应不大于 60 ℃。

5.8.2.11 消防用防坠落装备应满足以下要求：

a） 轻型安全绳的最小破断强度应不小于 20 kN，通用型安全绳的最小破断强度应不小于 40 kN；

b） 安全带上所有承载连接部件须经冲击试验。试验时，安全带不应从人体模型上松脱，而且安全带不应出现影响其安全性能的明显损伤。试验按 XF 494 规定进行；

c） 在开口闭合状态时，轻型安全钩长轴的破断强度应不小于 27 kN，通用型安全钩长轴的破断强度应不小于 40 kN；

d） 在开口打开状态时，轻型安全钩长轴的破断强度应不小于 7 kN，通用型安全钩长轴的破断强度应不小于 11 kN；

e） 轻型安全钩短轴的破断强度应不小于 7 kN，通用型安全钩短轴的破断强度应不小于 11 kN。

5.9 消防枪炮类产品

5.9.1 功能性要求

5.9.1.1 消防枪炮类产品应具有喷射水、泡沫、干粉等灭火介质的消防功能。一般包括消防枪、消防炮等产品。

5.9.1.2 消防枪应满足以下要求：

a） 应采用耐腐蚀或经防腐蚀处理的材料制造，铸件表面应无结疤、裂纹及孔眼，标志和标识应符合相关要求；

b） 压力、流量、射程以及相关泡沫或干粉参数等喷射性能应符合相关标准的要求。

5.9.1.3 消防炮应满足以下要求：

a） 应采用耐腐蚀或经防腐蚀处理的材料制造，铸件表面应无结疤、裂纹及孔眼，标志和标识应符合相关要求；

b） 压力、流量、射程及相关泡沫或干粉参数等喷射性能应符合相关标准的要求。

5.9.2 安全性要求

5.9.2.1 消防枪应满足以下要求：

a） 按最大工作压力进行水压强度试验，枪体及各密封部位不允许渗漏；

b） 按最大工作压力的 1.5 倍进行密封性能试验，不应出现裂纹、断裂或影响正常使用的残余变形；

c） 消防枪从(2.0±0.02)m 高处作跌落试验后，应能正常操作使用。

5.9.2.2 消防炮应满足以下要求：

a） 受压部分按最大工作压力的 1.1 倍进行水压密封试验后，各连接部位应无渗漏现象；

b） 受压部分按最大工作压力的 1.5 倍进行水压强度试验后，炮体不应有冒汗、裂纹及永久变形等缺陷。

5.10 消防水带类产品

5.10.1 功能性要求

5.10.1.1 消防水带类产品应具有消防供水或输送其他液体灭火剂的消防功能。一般包括有衬里消防水带、消防湿水带、消防软管卷盘等产品。

5.10.1.2 有衬里消防水带应具有消防供水或输送其他液体灭火剂的消防功能。

5.10.1.3 消防湿水带应满足以下要求：

a) 应具有消防供水或输送其他液体灭火剂的消防功能；

b) 本身应能均匀渗水、带身湿润，在火场起保护作用。

5.10.1.4 消防软管卷盘应满足以下要求：

a) 具有输送水、干粉、泡沫的功能；

b) 压力、流量、射程等喷射性能应符合相关标准的要求。

5.10.2 安全性要求

5.10.2.1 有衬里消防水带应满足以下要求：

a) 在水压试验状况下，水带表面不应有渗漏现象；

b) 水带的爆破压力应不小于其设计工作压力的3倍。

5.10.2.2 消防湿水带应满足以下要求：

a) 在0.5 MPa水压下，湿水带表面渗水均匀；无喷水现象，其1 min的渗水量应大于20 mL/(m · min)；

b) 在设计工作压力下，湿水带应无喷水现象，其1 min的渗水量不应大于表2的规定；

c) 最小爆破压力不应低于表3的规定。

表2 湿水带1 min的渗水量

规格/mm	渗水量/[mL/(m · min)]
40	100
50	150
65	200
80	250

表3 湿水带最小爆破压力 单位为兆帕

设计工作压力	最小爆破压力
0.8	2.4
1.0	3.0
1.3	3.9

5.10.2.3 消防软管卷盘应满足以下要求：

a) 在额定工作压力下，任何部位均不应渗漏；

b) 在1.5倍额定工作压力下，各零部件不应产生影响正常使用的变形和脱落，应能正常使用；

c) 在经受抗载荷性能试验后，再进行密封试验。试件在额定工作压力下，任何部位不应渗漏，软管缠绕轴应不发生变形；试验后，软管卷盘应能正常使用。

5.11 灭火剂类产品

5.11.1 功能性要求

5.11.1.1 灭火剂类产品应具有通过降低氧浓度、阻断燃烧链式反应、冷却等方式扑救特定类型火灾等消防功能。一般包括气体灭火剂、固体灭火剂、水系灭火剂等产品。

5.11.1.2 灭火剂类产品的灭火性能应通过标准火灾试验进行验证。对于能被产品标准涵盖的火灾模型需按标准要求进行配方适用性试验，对于暂不能被产品标准涵盖的火灾模型应按其设计的适用场所，进行实际的配方试验验证。

5.11.1.3 气体灭火剂应保证其喷射后不留残余物、不导电等特性。

5.11.2 安全性要求

5.11.2.1 灭火剂类产品应确保产品对环境、人员无危害，评价其是否对环境造成危害，应通过动物的毒性试验进行初步验证。

5.11.2.2 灭火剂类产品原材料的选择，应满足灭火剂基本使用要求和特点，清洁气体灭火剂还应满足联合国环境计划署的要求(即较小的 ODP 值、GWP 值和较短的 ALT 值)。在选择时应在保证主要灭火、贮存、安全等性能的前提下充分考虑生产过程以及灭火救援后可能给环境带来的污染。

5.11.2.3 气体灭火剂一般采用钢瓶包装，充装密度不应超过设计时所规定的最大充装密度以免导致由于温升产生极端高压而使容器内充满液体，从而破坏容器部件的完整性。产品钢瓶应存放在阴凉干燥处，防止曝晒和冲击，气瓶的管理执行国家劳动总局的《气瓶安全监察规程》以及 GB 5099、GB 5100、GB 150、TSG R0004 等标准及规程。每个产品还应通过对材料的溶胀、腐蚀等试验确定钢瓶涂层材料种类。

5.11.2.4 水基灭火剂的贮存容器可为塑料桶或内壁经过防腐处理的铁桶等，应存放在阴凉、干燥处，防止暴晒，贮存温度范围为流动点(2.5～40)℃。在贮存过程中应避免其他类型灭火剂、酸、碱或化学物质的混入，不同生产厂或不同规格的水基灭火剂不应混合贮存。

5.12 灭火器类产品

5.12.1 功能性要求

5.12.1.1 灭火器类产品应具有能扑灭 A、B、C、F 类中一种或多种火灾的消防功能。一般包括手提式或推车式水系、干粉、气体、气溶胶等类灭火器产品。

5.12.1.2 充装的灭火剂应符合相关国家标准或行业标准。

5.12.1.3 灭火器类产品的灭火性能应通过标准火灾试验进行验证，并符合相关产品标准规定。

5.12.1.4 手提式灭火器各项功能应满足 GB 4351.1 的相关要求。推车式灭火器各项功能应满足 GB 5100 的相关要求，推车式二氧化碳灭火器还应满足 GB 5099 的相关要求。

5.12.1.5 操作结构应灵活、可靠，按 GB 4351.1 或 GB 8109 的规定进行开启和保险装置性能试验，结果应符合要求。

5.12.2 安全性要求

5.12.2.1 瓶体与阀门(器头)应按 GB 4351.1 或 GB 8109 的规定进行水压性能试验，试验中不应有泄漏、破裂和可见的变形。

5.12.2.2 筒体(瓶体)的爆破性能应按 GB 4351.1 或 GB 8109 的规定进行试验。爆破时，筒体(瓶体)不应产生碎片或有部件弹出，爆破应呈塑性破坏。手提式灭火器筒体(瓶体)容积的膨胀量不应小于原容积的 10%；推车式灭火器筒体(瓶体)容积的膨胀量不应小于原容积的 15%。

5.12.2.3 喷射软管及接头应具有足够的强度，按 GB 4351.1 或 GB 8109 的规定进行软管及接头强度性能等试验应符合要求。

5.12.2.4 灭火器产品设有超压保护装置的，其尺寸和安装位置应适当。该装置的动作压力应按 GB 4351.1 或 GB 8109 的规定进行试验并符合标准规定。

5.12.2.5 灭火器筒体(瓶体)应采用耐腐蚀材料或其他材料制造，针对充装对象进行内外部防腐、防锈处理，使其在不同的使用环境和介质中满足防腐、防锈要求。

5.12.2.6 灭火器类产品各连接件和紧固件应装配牢固、稳定，安全可靠。

5.13 消防给水设备类产品

5.13.1 功能性要求

5.13.1.1 消防给水设备类产品应具有消防用水和其他液体灭火剂的供给、传送等消防功能。一般包括消防泵、消防泵组、室内消火栓、室外消火栓、消防水鹤、气压给水装置、消防水泵接合器、消防接口、消防吸水管、分水器、集水器等产品。

5.13.1.2 消防泵应满足以下要求：

a） 无动力消防泵产品的结构要求、材料要求、外观要求、主要技术参数、引水装置（适用时）、泡沫比例混合系统以及其他部件（适用时）和连续运转性能应符合相关标准的要求。

b） 泡沫比例混合系统（以下简称系统）以及其他部件应能使用系统规定种类的所有符合标准要求的泡沫液。系统若有储气瓶，当储气瓶为钢质无缝气瓶时，其设计、制造应符合 GB 5099 的规定。当储气瓶为钢制压力容器时，其设计、制造应符合 GB 150 的规定。储气瓶应按 GB 150 要求定期进行检验，在储气瓶上应安装标牌来指示本次测试日期以及下次测试的日期。储气瓶应安装安全阀和排放阀。安全阀应符合 JB/T 6441 的规定。安全阀和排放阀的排气口不应朝向操作人员或引起地面灰尘飞扬。当泡沫罐内泡沫用完时，泡沫系统应有声、光报警提醒操作人员及时关闭压缩空气阀，系统若有泡沫泵应自动关闭泡沫泵。系统应有无泡沫保护，当空气与水混合 1 min 泡沫液仍未加入水中，系统应能切断空气与水混合并发出声、光报警。泡沫比例混合器的出口管路上应采用防倒流的装置或结构。必要时，系统须配置限压阀，限压阀的动作压力不大于压缩空气系统最大工作压力的 110%。

5.13.1.3 消防泵组应满足以下要求：

a） 所选用的泵均应经过型式检验，并符合 GB 6245—2006 的规定。消防泵组所选用的原动机均应经过定型鉴定并符合相关标准的规定。

b） 结构要求、主要技术参数、连续运转性能应满足 GB 6245—2006 要求。

c） 采用联轴器的消防泵组产品，其联轴器应符合 GB 6245—2006 中 9.6 的规定。

d） 具有控制柜或控制单元的消防泵产品，其柜体应端正，无明显的歪斜翘曲等现象。控制柜表面应平整，涂层颜色应均匀一致；面板上的按钮、开关及仪表应易于操作且有功能标志；所采用的元件应符合 GB 6245—2006 中 9.7.8 的规定。

e） 机动便携式消防泵组（机动消防浮艇泵组除外）应在横向、纵向倾斜 25°的条件下，在额定工况下，各连续运转 1 h，泵组应工作正常。

5.13.1.4 室内消火栓应满足以下要求：

a） 旋转型室内消火栓栓体应可相对于与进水管路连接的底座水平 360°旋转；

b） 减压型室内消火栓应能实现降低栓后出口压力；

c） 旋转减压型室内消火栓应具有旋转型室内消火栓和减压型室内消火栓的功能；

d） 减压稳压型室内消火栓应能实现使出水口压力自动保持稳定；

e） 旋转减压稳压型室内消火栓应具有旋转型室内消火栓和减压稳压型室内消火栓的功能。

5.13.1.5 室外消火栓应满足以下要求：

a） 在其吸水管出水口和水带出水口应选择规格尺寸与之相匹配的消防接口；

b） 开启高度应满足 GB 4452 的规定。

5.13.1.6 消防水鹤应满足以下要求：

a） 最小过流口径的面积不应小于进水口过流面积的 90%；

b） 启闭操纵应快速灵活，开启角度不应大于 360°；主控水阀应与排放余水装置启闭实现互锁；出水口应能手动摆动，摆动角度不应小于 270°。

5.13.1.7 气压给水装置包括消防气压给水设备、消防自动恒压给水设备、消防增压稳压给水设备、消防气体顶压给水设备，其功能性应符合下列要求：

a) 容器的设计依据容器类别应分别符合 GB 5099、GB 5100、GB 150 等标准。应能耐所充装介质的腐蚀。若选用成品容器，需用的容器应为有资质的单位设计、制造或检验的，且在正常使用的周期内。

b) 阀门应有避免机械的、化学的或其他的伤害的措施。在严重易腐蚀的环境中可以使用特殊的防腐材料及涂层。设备应设置双路环形进水管道，两条进水管道进水端应安装闸阀，进水管道通径应达到单向管道满足全部共用进水管道泵组取水。消防泵出水口安装的管道阀门公称通径应大于泵出口直径。气压水罐出水口处应设防止消防用水倒流进罐的措施。设备应至少设置一条消防泵性能定期巡检管道。

c) 消防泵组性能应符合 GB 6245—2006 的要求。消防泵组配置比例不应超过二用一备，备用泵与工作泵标称工作能力应相同。每台消防泵组应独立设置启动电路。全压启动电路应装有电磁式接触器，其操作电压应由主电源电路直接提供。降压启动电路不应使用自耦变压器。

d) 设备的部件应选用符合国家标准或行业标准的通用产品，且应优先选择消防专用产品。由生产商研发生产的专用部件应通过产品技术鉴定。

e) 操控柜的环境适应性应能耐受现行国家标准和行业标准的高温试验、低温试验、恒定湿热试验、抗振动和模拟运输试验，并且功能正常。设备整体联动连续运行性能应符合现行国家标准和行业标准的要求。

f) 设备的基本控制功能不应少于相关标准的要求。

5.13.1.8 消防水泵接合器应具有排放余水、止回、安全排放、截断等功能。

5.13.1.9 消防接口应具有满足消防水带、消防吸水管等与其他消防装备的连接功能。

5.13.1.10 消防吸水管应具有抽吸消防用水的功能。

5.13.1.11 分水器应具有连接消防供水干线与多股出水支线的功能。

5.13.1.12 集水器应具有连接多股消防供水支线与供水干线的功能。

5.13.2 安全性要求

5.13.2.1 消防泵应满足以下要求：

a) 无动力消防泵产品的机械性能应满足 GB 6245—2006 中的要求；

b) 供泡沫液消防泵应保证至空运转 10 min 后不出现任何损坏。

5.13.2.2 消防泵组应满足以下要求：

a) 控制柜的接地性能、介电强度绝缘电阻应符合 GB 6245—2006 的规定；

b) 控制柜气候环境耐受性能应满足 GB 6245—2006 耐高温性能试验、耐低温性能试验、抗湿热性能试验等要求，试验后不应产生影响正常工作的故障；

c) 控制柜应具备抗振动性能，满足 GB 6245—2006 抗振动性能试验要求，试验后不应产生影响正常工作的故障。

5.13.2.3 室内消火栓应满足以下要求：

a) 按 GB 3445 中规定对固定接口进行密封性能试验，应无渗漏现象；

b) 按 GB 3445 中规定对固定接口进行水压强度试验，不应出现裂纹或断裂现象，试验后应能正常操作；

c) 阀体和阀盖应能承受 2.4 MPa 压力，持续 2 min 不应有破裂和渗漏现象；

d) 各密封部件应能承受 1.6 MPa 压力，持续 2 min 不应有渗漏现象。

5.13.2.4 室外消火栓应满足以下要求：

a) 在公称压力水压下保持 2 min，各连接部位以及排放余水装置均不应有渗漏现象；

b) 在1.5倍公称压力水压下保持2 min,所有铸件不应有渗漏现象及影响正常使用的损伤。

5.13.2.5 消防水鹤应满足以下要求:

a) 启闭应使用消防专用扳手,应符合GA 113要求;

b) 排放余水装置应在5 min内排空消防水鹤内余水;

c) 设备中所使用的部件的耐压强度均应满足相关的产品标准规定。

5.13.2.6 气压给水装置应满足以下要求:

a) 气压水罐的安全附件和设计安全使用寿命应符合TSG R0004的规定。

b) 在环境温度为(15~35)℃、相对湿度为(45~75)%的条件下,接点之间、接点与外壳之间,绝缘电阻应不小于20 MΩ。耐压强度应能承受(45~65)Hz的1 500 V正弦波电压1 min。

c) 操控柜防护等级不应低于GB 4208规定的IP31等级。

d) 金属构体上应有接地点,并有警告标志、线号标记,线径应符合GB 27898.1中的规定。

e) 操控柜中各带电回路按照其工作电压应能承受GB 27898.1中的规定试验电压,应无击穿、无闪络。

f) 操控柜有绝缘要求的外部带电端子与机壳之间的绝缘电阻应大于20 MΩ,电源接线端子与地之间的绝缘电阻应大于50 MΩ。

g) 操控柜在根据GB 27898.1中规定的环境试验后,不应产生影响正常工作的故障。

h) 设备的气压水罐及管路、阀门等辅件应能承受2倍设备的最高工作压力静水压强度,持续5 min应无渗漏,无宏观变形或损坏。

i) 设备承受气压工作条件的部件,在1.1倍的设备最高工作压力的气压密封试验中持续15 min,不应有渗漏。

j) 设备承受水压工作条件的部件,在1.1倍的设备最高工作压力的水压密封试验中持续15 min,不应有渗漏。

5.13.2.7 消防水泵接合器应满足以下要求:

a) 在公称压力水压下保持2 min,各连接部位不应有渗漏现象。截断类阀门和排放余水阀也不应有渗漏现象。

b) 在公称压力1.5倍的水压下保持2 min,所有铸件不应有渗漏现象及影响正常使用的损伤。

c) 公称压力1.6 MPa的接合器,安全阀的开启压力为(1.70±0.05)MPa;公称压力2.5 MPa的接合器,其安全阀的开启压力为(2.6±0.10)MPa。安全阀的启闭压差应小于等于20%,公称通径不应小于20 mm。

5.13.2.8 消防接口应满足以下要求:

a) 接口成对连接后,在0.3 MPa水压和公称压力水压下保持2 min,均不应发生渗漏现象;

b) 在1.5倍公称压力水压下保持2 min,接口不应出现可见裂缝或断裂现象,经水压强度试验后应能正常操作使用;

c) 卡式接口的弹簧疲劳寿命不应低于10 000次;

d) 除内、外螺纹固定接口外,其他接口从1.5m高处自由落下5次,应无损坏并能正常操作使用。

5.13.2.9 消防吸水管应满足以下要求:

a) 根据GB 6969中规定的静压试验压力下,胶管不应爆破或出现泄漏、龟裂及表明材料(或加工)不均匀的局部急剧变形及其他异常现象。胶管的轴向延伸率不应大于15%,轴向残余延伸率不应大于2%。

b) 根据GB 6969中规定的爆破试验压力下,胶管不应爆破。

5.13.2.10 分水器应满足以下要求:

a) 消防接口的公称压力应不低于分水器主体的公称压力;

b) 在公称压力水压下保压2 min,各连接部位及阀门不应有渗漏现象;

c） 在1.5倍公称压力水压下保压2 min,不应出现影响使用的变形。

5.13.2.11 集水器应满足以下要求：

a） 消防接口的公称压力应不低于集水器主体的公称压力；

b） 在公称压力水压下保压2 min,各连接部位及阀门不应有渗漏现象；

c） 在1.5倍公称压力水压下保压2 min,不应出现影响使用的变形。

5.14 喷水灭火设备类产品

5.14.1 功能性要求

5.14.1.1 喷水灭火设备类产品应具有探测并均匀喷水、控制水流方向、反馈设备动作信号等消防功能。一般包括喷头、阀门、信号反馈装置、管路和管件等部件。

5.14.1.2 喷水灭火设备类产品应具有针对具体火灾模型的灭火性能要求,并符合相关产品标准规定。对于现有产品标准不能涵盖的火灾模型应按其设计的使用场所进行实际的试验验证。

5.14.1.3 喷头体、溅水盘应采用熔点不低于800 ℃的金属材料,附件、密封材料的材质应满足相关产品标准要求。感温动作元件应符合GB 18428或XF 863的要求。

5.14.1.4 阀门和阀盖应采用耐腐蚀性能不低于铸铁的材料制成,阀座材料的耐腐蚀性能应不低于青铜,要求转动或滑动的零件应采用青铜、镍铜合金、黄铜、奥氏体不锈钢等耐腐蚀材料制成,若用耐腐蚀性能差的材料制造时,应在相对运动处加入耐腐蚀材料制造的衬套件。

5.14.1.5 信号反馈装置选用的信号输出部件,如微动开关、干簧管应保证在规定的温度范围内及最高工作压力下正常工作。

5.14.1.6 管路及管件应符合以下要求：

a） 非金属管道应采用性能不低于氯化聚氯乙烯(PVC-C)的材料制造,金属管道涂覆层应采用性能不低于环氧树脂的材料。

b） 管接件类产品材料应采用球墨铸铁(不低于QT450-12)、锻钢等。采用的螺栓机械性能不应低于GB/T 3098.1—2010中规定的8.8级要求,采用的螺母机械性能不应低于GB/T 3098.2—2000中规定的8级要求。

c） 洒水软管类产品中与水接触的挠性过流部件应采用耐腐蚀性能不低于奥氏体不锈钢的材料制造,金属接头及网套应选用耐腐蚀材料或进行防腐处理。

d） 末端试水装置类产品中的试水阀、试水喷嘴应采用耐腐蚀性能不低于黄铜的金属材料制作。

5.14.1.7 喷水灭火设备类产品应保证其内在规定的温度范围内及最高工作压力下正常工作,且应符合GB 5135等产品标准的相关要求。

5.14.2 安全性要求

5.14.2.1 喷水灭火设备类产品应能承受GB 5135等标准中要求的氨应力腐蚀、二氧化硫腐蚀、盐雾腐蚀、潮湿气体腐蚀等试验,低温、高温、湿热等试验,耐久性、耐环境温度、耐空气老化、耐温水老化、耐光水暴露等试验,振动、碰撞、翻滚、机械冲击等试验,并且试验后功能正常。

5.14.2.2 喷水灭火设备及部件应具有足够的机械强度,固定牢固,连接可靠,保证正常工作时不会产生脱落、飞击等现象,其危险部件、防止误操作部件等应有防护措施及危险警示标记。

5.14.2.3 阀门应确保工作时不应有零件飞出。报警阀应保证在设定的应用条件下启动灵活、报警准确,并设置不开启报警阀检验产品的试验管路。

5.14.2.4 信号反馈装置应保证机械传动部件与配套管路匹配合理,无摩擦卡阻现象,选用的信号输出部件,如微动开关、干簧管等,以及机械传动部件,应动作灵敏、复位可靠,无卡阻等现象。

5.14.2.5 喷水灭火设备类产品应考虑安装维护过程中设置能够清晰可见的永久性标志。有安装方向要求的部件应有水流方向标示。

5.15 泡沫灭火设备类产品

5.15.1 功能性要求

5.15.1.1 泡沫灭火设备类产品应具有将泡沫灭火剂贮存、按比例混合、发泡进行灭火等消防功能。一般包括泡沫压力储罐、泡沫比例混合装置、泡沫发生装置、泡沫喷射装置、预制泡沫灭火装置、泡沫液罐、泡沫喷淋设备、厨房设备灭火装置、泡沫喷雾灭火装置、泵组等产品。

5.15.1.2 泡沫灭火设备在不同的启动方式下应能按规定程序可靠动作,不应出现工作故障、部件损坏、密封部位泄漏等现象。

5.15.1.3 泡沫灭火设备应具有针对具体火灾模型的灭火性能要求,并符合相关产品标准规定。对于现有产品标准不能涵盖的火灾模型应按其设计的使用场所进行实际的试验验证。

5.15.1.4 泡沫压力储罐应能耐所充装的泡沫灭火剂的腐蚀,储罐上应有永久性标识,标明适用的泡沫液类型。

5.15.1.5 泡沫比例混合装置中与泡沫液或泡沫混合液直接接触的零部件应采用耐腐蚀材料制造,其设计强度应达到最高工作压力的4倍以上,应采用能够进行空载运行10 min的泡沫液泵。

5.15.1.6 泡沫发生装置与泡沫液相接触的零部件应采用耐腐蚀材料或作防腐处理;泡沫产生器的空气吸入口及露天的泡沫喷射口,应设置防止异物进入的金属网;在防护区内设置并利用热烟气发泡时,应选用水力驱动型泡沫产生器;高倍数产生器正面应设置防护网,在产生器反面也应设计防护设施,防止在叶轮转动时进入异物或伤人。

5.15.1.7 泡沫喷射装置的泡沫炮的炮筒和泡沫枪的枪筒设计强度应满足跌落试验的要求和在运输中的磕碰要求,与泡沫液相接触的零部件应采用耐腐蚀材料或作防腐处理。

5.15.1.8 泡沫喷射装置的控制阀门和管道中所用的控制阀门应有明显的启闭标志。当泡沫消防水泵或泡沫混合液泵出口管道口径大于300 mm时,不宜采用手动阀门。低倍系统的水与泡沫混合液及泡沫管道、中倍系统的干式管道、高倍系统的干式管道钢管,湿式管道,宜采用不锈钢管或内、外部进行防腐处理的钢管。在寒冷季节有冰冻的地区,泡沫灭火系统的湿式管道应采取防冻措施。

5.15.1.9 泡沫喷射装置的泵体应采用铝合金、铜合金、不锈钢材料或耐腐蚀性能不低于上述材质的其他金属材料。

5.15.1.10 泡沫喷射装置设备及部件应能耐受相关产品标准要求的高温试验、低温试验、恒定湿热试验、温度循环泄漏试验,机械振动试验,盐雾腐蚀、应力腐蚀、二氧化硫腐蚀试验,功能应正常。

5.15.2 安全性要求

5.15.2.1 泡沫喷射装置中所使用的部件的耐压强度均应满足相关的产品标准规定。靠压缩气体或泵组驱动的装置产品的瓶组和封闭管段间应设置超压泄放装置。

5.15.2.2 泡沫喷射装置压缩气体的充装应满足GB 14194的要求,并应制定安全操作规程,充装压缩气体的瓶组在运输和贮存过程中,容器阀出口应安装误喷射防护装置,且应符合《气瓶安全监察规程》和GB 150、GB 5099、GB 5100、TSG R0004等标准及规程的相关规定。

5.16 气体灭火设备类产品

5.16.1 功能性要求

5.16.1.1 气体灭火设备类产品应具有贮存、输送、均匀喷放气体灭火剂进行灭火等消防功能。一般包括管网气体灭火设备、柜式气体灭火设备、含油浸变压器排油注氮灭火装置、悬挂式气体灭火装置等产品。

5.16.1.2 气体灭火设备应确保在不同的启动方式下均能按规定程序可靠动作，不应出现工作故障、部件损坏、密封部位泄漏等现象。

5.16.1.3 气体灭火设备应具有针对具体火灾模型的灭火性能要求，并符合相关产品标准规定。对于现有产品标准不能涵盖的火灾模型应按其设计的使用场所进行实际的试验验证。

5.16.1.4 气体灭火设备及部件应保证设备在规定的时间内将灭火剂喷放到保护空间。

5.16.1.5 油浸变压器排油注氮灭火装置应保证设备的注氮压力和注氮时间满足标准要求。

5.16.1.6 气体灭火设备的阀门、垫圈、密封圈、密封剂及其阀门零件应由与灭火剂相容并且由与温度和压力相适应的材料制成，阀门结构应确保阀门工作时不应有零件飞出。

5.16.1.7 气体灭火设备喷放部件应采用既能耐高温又能耐一定低温的金属材料制造，释放孔芯应采用抗腐蚀性的材料制造。在有可能发生异物堵塞的场所，喷放部件应安装不影响其的正常喷放的保护帽。

5.16.1.8 气体灭火设备管路应采用无缝管材，管件应采用耐腐蚀的金属材料制造，不应使用铸铁件，管路和管件的连接应采用国家标准或行业标准规定的螺纹或法兰。

5.16.1.9 气体灭火设备中有液压和气压工序的，应有安全防护装置和气体安全泄放装置。

5.16.1.10 气体灭火设备信号反馈类部件应在规定动作压力下，可靠动作并输出动作信息。

5.16.1.11 气体灭火设备所有部件应能耐受高温试验、低温试验、恒定湿热试验、温度循环泄漏试验，机械振动试验、腐蚀（盐雾、应力腐蚀、二氧化硫腐蚀）试验，且功能正常。

5.16.2 安全性要求

5.16.2.1 气体灭火设备产品的瓶组和封闭管段间应设置超压泄放装置，超压泄放装置动作压力应符合相关产品标准规定。

5.16.2.2 气体灭火设备应具有清晰可见的永久性的警示类标志，标识内容应符合 GB 25972—2010 要求。

5.16.2.3 瓶组在运输和贮存过程中，容器阀出口应安装误喷射防护装置，且应符合《气瓶安全监察规程》和 GB 150、GB 5099、GB 5100、TSG R0004 等标准及规程的相关规定。

5.16.2.4 气体灭火设备安装时应保证电气安全性能，设置必要的接地保护装置或安装的电气间隙符合相关标准的规定。

5.16.2.5 贮存容器应能耐充装介质的腐蚀要求。若选用成品压力容器，压力容器应为有资质的单位设计、制造和检验，且在正常使用的周期内。瓶组上应有永久性标识，标明充装介质的名称或符号。

5.16.2.6 气体灭火剂的充装应符合 GB 14193 和 GB 14194 的要求，灭火剂充装应制定安全操作规程，充装密度和充装压力应符合相关气体灭火设备产品标准的规定。

5.17 干粉灭火设备类产品

5.17.1 功能性要求

5.17.1.1 干粉灭火设备类产品应具有贮存、输送、均匀喷放干粉灭火剂进行灭火等消防功能，包括管网干粉灭火设备、柜式干粉灭火设备、悬挂式干粉灭火装置等产品。

5.17.1.2 干粉灭火设备在不同的启动方式下应能按规定程序可靠动作，不应出现工作故障、部件损坏、密封部位泄漏、管路堵塞等现象。

5.17.1.3 干粉灭火设备应具有针对具体火灾模型的灭火性能要求，并符合相关产品标准规定。对于现有产品标准不能涵盖的火灾模型应按其设计的使用场所进行实际的试验验证。

5.17.1.4 干粉灭火设备应保证设备在规定的时间内将灭火剂喷放到保护空间。

5.17.1.5 干粉灭火设备的阀门、垫圈、O 型圈、密封剂及其他阀门零件应由与灭火剂相容并且由与温度和压力相适应的材料制成。阀门结构应确保阀门工作时不应有零件飞出或从灭火剂流通管路喷出,保证其流通部位不应阻碍干粉灭火剂的流动。

5.17.1.6 干粉灭火设备的喷放部件应采用耐高温和低温的金属材料,释放孔芯应为抗腐蚀性的材料。在有可能发生异物堵塞的场所,喷放部件应安装不影响其正常喷放的保护帽。

5.17.1.7 干粉灭火设备的管路和管件应能防止气粉分离,堵塞管路,管道上应设置吹扫装置,管路应采用无缝管材,管件应采用耐腐蚀的金属材料制造,不应使用铸铁件,管路和管件的连接应采用国家标准或行业标准规定的螺纹。

5.17.1.8 干粉灭火设备采用的外购标准部件(如压力显示器、喷头、驱动装置等)的材料、工作温度、标称压力、耐腐蚀性能等不应低于相关产品标准的要求。

5.17.1.9 干粉灭火设备中有液压和气压工序的,应有安全防护装置和气体安全泄放装置。

5.17.2 安全性要求

5.17.2.1 干粉灭火设备中所使用的部件的耐压强度应满足相关产品标准规定。贮存容器和封闭管段间应设置超压泄放装置。

5.17.2.2 储气瓶组在运输和贮存过程中,容器阀出口应安装误喷射防护装置,且应符合《气瓶安全监察规程》和 GB 150、GB 5099、GB 5100、TSG R0004 等标准及规程的相关规定。

5.17.2.3 阀门类部件工作可靠性应在规定温度范围内完成不少于现行标准规定的动作试验,而不应出现动作故障和结构损坏。

5.17.2.4 信号反馈类部件应在规定动作压力下,可靠动作并输出动作信息。

5.17.2.5 所有部件应能耐受现有产品标准要求的高温试验、低温试验、恒定湿热试验、温度循环泄漏试验,机械振动试验、腐蚀(盐雾、应力腐蚀、二氧化硫腐蚀)试验,且功能正常。

5.17.2.6 干粉灭火剂的充装应符合 GB 16668、GB 50347、XF 602 的规定。驱动气体的充装应符合 GB 14193 和 GB 14194 的要求。

5.18 防烟排烟类产品

5.18.1 功能性要求

5.18.1.1 防烟排烟类产品应具有防止烟气入侵或者排除高温烟气等消防功能。一般包括防火阀、排烟防火阀、排烟阀、排烟口、消防排烟风机、挡烟垂壁、通风排烟管道、空气净化器、消声器及止回阀等产品。

5.18.1.2 防火阀门应具备复位功能,操作应方便、灵活、可靠;防火阀、排烟防火阀、止回阀应具备温感器控制方式,使其自动关闭;具备手动开启或关闭方式的防火阀门,手动操作应方便、灵活、可靠;具备电动开启或关闭方式的防火阀门,通电后应能灵活、可靠动作;防火阀门经过盐雾腐蚀试验后,阀门应能正常启闭;防火阀门经过多次的开关试验后,各零部件应无明显变形、磨损及影响其密封性能的损伤,叶片能灵活可靠的关闭或开启。

5.18.1.3 消防排烟风机主要活动部件应具有足够的刚度和强度,电动机应是耐高温电机,主要零部件使用的各种原材料应满足耐腐蚀性、使用寿命、输送介质、运行工况等的要求,焊接件应具有良好的可焊性。

5.18.2 安全性要求

5.18.2.1 有绝缘要求的防火阀门外部带电端子与阀体间的绝缘电阻在常温下应大于 20 MΩ;有完整性、隔热性等要求的防火阀门,需在规定的时间内满足相关的完整性、隔热性规定。

5.18.2.2 消防排烟风机和电动机的机壳应设置可靠的接地装置,风机机壳上应设置起吊用吊耳,外露的联轴器或带轮应设有可拆装的防护装置，耐高温性能应符合相关标准要求，在选定的温度下，风机应能连续正常运转达到规定时间，无异常现象。

5.19 疏散逃生类产品

5.19.1 功能性要求

5.19.1.1 疏散逃生类产品应具有为人员疏散、消防作业提供照明、疏散指示及向公众表达消防安全信息等消防功能。一般包括消防应急照明和疏散指示系统、消防安全标志等产品。

5.19.1.2 消防安全标志和消防应急照明产品的应急转换时间不应大于 5 s；高危险区域使用的系统的应急转换时间不应大于 0.25 s。应急工作时间不应小于 90 min，且不小于产品本身标称的应急工作时间。应具有故障检测功能，当产品存在影响使用功能的故障时应发出故障信号。

5.19.1.3 应急照明控制装置应能控制并显示与其相连的所有灯具的工作状态；应能防止非专业人员操作；具有控制输出功能的产品应能按设计要求输出控制信号；应具有故障检测功能，当产品存在影响使用功能的故障时应发出故障信号；应能以手动、自动两种方式使与其相连的所有灯具转入应急状态；且应设强制使所有灯具转入应急状态的按钮。

5.19.1.4 应急照明集中电源应设主电、充电、故障和应急状态指示灯；应设模拟主电源供电故障的自复式试验按钮（或开关），不应设影响应急功能的开关；应具有故障检测功能，当产品存在影响使用功能的故障时应发出故障信号。

5.19.1.5 消防安全标志产品主要部件（色材与基材）选择应确保安全标志产品满足 GB 13495 和 XF 480 的要求，发光材料选择应保证满足其标识的发光时间要求。消防安全标志应由安全色、边框、以图像为主要特征的图形符号或文字构成；地面用消防安全标志应具有耐水、防滑等功能；应具有在安装维护过程中能够清晰可见的永久性标志，标志的信息至少包括制造商名称或商标、产品名称型号、制造日期、产地、参数等。

5.19.2 安全性要求

5.19.2.1 疏散逃生类产品的交流电源输入端与机壳间绝缘电阻值不应小于 50 MΩ；有绝缘要求的外部带电端子与机壳间的绝缘电阻值不应小于 20 MΩ；交流电源输入端与机壳间应能耐受频率为 50 Hz、有效值电压为 1 250 V 的交流电压历时 1 min 的电气强度试验，试验期间不应发生击穿现象；在 1.06 倍额定电压工作时，泄漏电流应不大于 0.5 mA。

5.19.2.2 消防应急照明和疏散指示系统应能稳定、可靠地实现其设计的使用功能，并应具有必要的状态指示；其外壳应选用不燃或阻燃材料，阻燃材料的阻燃性能不应低于 GB 20286—2006 规定的阻燃 2 级要求；当打开消防应急照明和疏散指示系统产品的外壳并移去其他保护措施，按制造商的规定进行安装和维护时，需要接近的所有部件都应容易接近。

5.19.2.3 消防应急照明和疏散指示系统的外壳防护等级应在产品标志或使用说明书中注明。外壳防护等级应满足 GB 4208 的要求，室内使用的消防应急照明和疏散指示系统产品的外壳防护等级不应低于 GB 4208 规定的 IP30 等级。

5.19.2.4 室外使用的消防应急照明和疏散指示系统应具有防尘功能和防水功能。

5.19.2.5 地面安装使用的消防应急照明和疏散指示系统产品应具有防水功能和耐磨功能。

5.19.2.6 疏散逃生类产品应能耐受 GB 16838—2005 要求的射频电磁场辐射抗扰度试验、静电放电抗扰度试验、浪涌（冲击）抗扰度试验，试验期间及试验后应保证功能正常；应能耐受 GB 16838—2005 要求的高温（运行）试验、低温（运行）试验、恒定湿热（运行）试验，试验期间及试验后应保证功能正常。

5.19.2.7 消防应急照明和疏散指示系统接线端子的结构应保证良好的电接触和预期的载流能力，其所有的接触部件和载流部件应由导电的金属制成，并应有足够的机械强度；接线端子的标志应清晰、耐久,相关用途应在有关文件中说明;开关和按键(钮)(或靠近的位置上)应具有中文功能标注;用于保护熔断器或其他过流保护设备,其额定值应满足实际应用的要求;内部主要电子、电气元件的最大温升不应大于 60 ℃。环境温度为(25±3)℃条件下的内置变压器、镇流器等发热元部件的表面最大温度不应超过 90 ℃。电池周围(不触及电池)环境最大温度不超过 45 ℃。

5.19.2.8　消防应急照明和疏散指示系统所有电气部分均应被封闭起来以避免与非绝缘的带电部件接触。高压电路的非绝缘载流器件应采用绝缘带、栅栏或类似的设备对其进行完全的保护。存放电池的空间至少应是电池体积的两倍。应具有通风口,保证空气的流通以驱散电池高速率充电时产生的热量。贮电池罩内部应采取保护措施阻止电解液带来的损害。所有部件均应安装牢固,防止松动或转动。

5.19.2.9　如消防应急照明和疏散指示系统外露的导体部件构成危险时,应电气连接到保护性接地端子上。保护性接地端子应设置在容易接近便于接线之处,并进行防腐处理,其标志应清晰,并采用颜色标志或适用的图形符号进行识别。

5.19.2.10　消防安全标志产品所使用色材的放射性应满足 XF 480 的要求。

ICS 13.220.01
C 80

中华人民共和国消防救援行业标准

XF 1061—2013

消防产品一致性检查要求

Requirements for fire products consistency inspection

2013-03-26 发布　　2013-03-26 实施

中华人民共和国应急管理部　公布

前　言

根据公安部、应急管理部联合公告(2020年5月28日)和应急管理部2020年第5号公告(2020年8月25日),本标准归口管理自2020年5月28日起由公安部调整为应急管理部,标准编号自2020年8月25日起由GA 1061—2013调整为XF 1061—2013,标准内容保持不变。

本标准的4.3～4.8和第6章、第7章为强制性的,其余为推荐性的。

本标准按照GB/T 1.1—2009给出的规则起草。

本标准由公安部消防局提出。

本标准由全国消防标准化技术委员会固定灭火系统分技术委员会(SAC/TC 113/SC 2)归口。

本标准负责起草单位:公安部消防产品合格评定中心。

本标准参加起草单位:公安部天津消防研究所、公安部上海消防研究所、公安部沈阳消防研究所、公安部四川消防研究所、西安盛赛尔电子有限公司、上海金盾消防安全设备有限公司、佛山市桂安消防实业有限公司、沈阳消防电子设备厂。

本标准主要起草人:东靖飞、杨震铭、屈励、金义重、陆曦、刘连喜、余威、刘程、冯伟、张德成、张少禹、程道彬、王学来、李力红、刘玉恒、沈坚敏、李宁、张立胜、王艳娥、康卫东、胡群明、付萍、李毅、白殿涛、周象义、黄军团。

本标准为首次发布。

引 言

本标准是依据《中华人民共和国认证认可条例》和公安部、国家工商总局、国家质检总局联合颁发的《消防产品监督管理规定》，为满足消防产品一致性检查工作的需要而制定的。

本标准的发布实施，对于提高消防产品生产者的质量保证能力，在公正、规范、有效的基础上开展消防产品认证工作，具有十分重要的意义。

消防产品一致性检查要求

1 范围

本标准规定了消防产品一致性检查的术语和定义、总则、方法、判定和处理。

本标准适用于消防产品认证初始工厂检查及证后监督管理工作的消防产品一致性检查，也可用于各类消防产品质量监督工作的产品一致性核查。

2 规范性引用文件

下列文件对于本文件的应用是必不可少的。凡是注日期的引用文件，仅注日期的版本适用于本文件。凡是不注日期的引用文件，其最新版本(包括所有的修改单)适用于本文件。

GB/T 19000 质量管理体系 基础和术语

XF 1035 消防产品工厂检查通用要求

3 术语和定义

GB/T 19000 和 XF 1035 界定的以及下列术语和定义适用于本文件。

3.1

型式检验 type examination

为验证产品各项技术性能指标与产品标准的符合性所进行的全项目检验，通常对代表性样品进行。

3.2

产品一致性 product consistency

批量生产的产品与认证型式检验合格样品的符合程度。

注：产品一致性要求由产品认证实施规则、相关标准及认证机构有关要求规定。

3.3

产品特性 product characteristic

产品本身所具有的外观、尺寸、功能及性能方面的特性，以及关键设计、结构、工艺、配方配比等特性。

3.4

产品特性文件 product characteristic document

描述产品特性的有关技术资料，包括文件、图纸、照片、软件等。

4 总则

4.1 检查目的

对批量生产的认证产品与型式检验合格样品在产品铭牌标志、产品关键件和材料、产品特性的符合程度等方面开展一致性检查，为判定工厂产品一致性控制程序运行的有效性及产品质量能否持续满足认证标准提供关键性依据。

4.2 检查类型

消防产品一致性检查分为初始检查及证后监督检查。

4.3 检查准则

4.3.1 消防产品一致性检查应依据检查准则实施。检查准则是确定一致性检查产品范围、产品铭牌标志,产品关键件和材料,产品特性符合性以及抽样单元的依据。

4.3.2 检查准则主要包括:

a) 认证申请书;

b) 认证证书;

c) 认证机构或指定检验机构出具的型式检验报告;

d) 认证机构确认的产品特性文件;

e) 认证产品标准;

f) 认证实施规则;

g) 产品一致性变更的确认文件;

h) 认证机构对消防产品一致性检查的内容、步骤、方法及关注点的特殊规定等。

4.4 检查人员

消防产品一致性检查应由具有专业资质的检查人员实施。

4.5 策划与准备

4.5.1 检查前的策划与准备主要包括:

a) 检查组专业分工;

b) 资料审查;

c) 检查范围确定;

d) 检查计划编制(通常并入工厂检查计划,对销售市场、安装使用场所的检查需单独编制);

e) 检查任务书、检查表等工作文件编制。

4.5.2 资料审查应根据检查准则,重点关注以下内容:

a) 产品的专业特点;

b) 认证申请书、型式检验报告、产品特性文件的符合性;

c) 样品或获证产品是否发生过变更,变更的具体情况。

4.5.3 检查范围的确定应符合以下要求:

a) 产品一致性初始检查仅涉及申请认证的产品;

b) 证后监督检查涉及证书覆盖的所有认证产品。

4.6 检查内容

4.6.1 铭牌标志的一致性检查应包括:

a) 产品名称;

b) 规格型号;

c) 制造商、工厂、持证人(必要时);

d) 按有关规定、标准或文件要求,应施加的符号、标志等;

e) 警告用语(必要时);

f) 说明书中对安装的说明和警告,对使用的说明和警告;

g） 使用语言（中文）。

4.6.2 产品的关键元器件和材料的一致性检查应包括：

a） 产品名称；

b） 规格型号；

c） 制造商、工厂；

d） 技术参数（必要时）。

4.6.3 产品特性的一致性检查应包括：

a） 产品的关键设计；

b） 产品的配方配比；

c） 产品的关键工艺；

d） 产品的内、外部结构。

4.6.4 产品特性的指定试验应包括：

a） 认证机构规定的检验项目；

b） 产品的其他安全性能，如防触电安全、电磁兼容、环境污染、有害物质含量等。

4.6.5 消防产品一致性检查内容还应包括认证实施规则及附件中的特定条款、认证机构规定的特殊检查内容及检查组根据现场情况确定的其他检查内容。

4.7 产品一致性的变更

4.7.1 工厂应建立并实施对产品铭牌标志、关键元器件和材料、产品特性等影响产品一致性保持因素的变更进行有效控制的程序及规定。

4.7.2 工厂对认证产品一致性的变更控制程序及规定应经认证机构审查同意。

4.7.3 工厂拟变更获证产品的关键元器件和材料、产品特性时，应按认证机构规定的检验项目和有关要求进行检验，检验合格后经认证机构批准方可变更。应保存变更申请资料和认证机构的批准文件。

4.7.4 未经认证机构批准，工厂不应在已实施变更的产品上加贴认证标志。

4.8 其他要求

对 OEM 厂以任何形式生产的消防产品，4.6 中规定的产品一致性检查内容不应删减。

5 方法

5.1 抽样方法

5.1.1 抽样可在以下任一地点进行：

a） 成品库；

b） 适当的过程环节（必要时）；

c） 生产线末端；

d） 销售市场；

e） 安装使用场所。

5.1.2 每个认证单元至少抽取一种代表性样品。

5.1.3 抽样工作应由 4.4 规定的检查人员实施。

5.2 检查方法

5.2.1 检查人员应对照检查准则，通过观察、测量、对比等方式对产品进行一致性检查。

5.2.2 对铭牌标志的一致性检查，应核查产品铭牌标志、认证标志、消防产品身份信息标志、外包装印刷及说明书内容等。

5.2.3 对产品关键元器件和材料的一致性检查,应核查原材料、零部件的生产厂、规格型号、牌号、技术参数等。当关键元器件或材料的标识无法核对时,应追溯采购记录中有关生产厂、规格型号、牌号、技术参数的相关信息,必要时可通过测试手段进行确认。

5.2.4 对产品特性的一致性检查,应核查产品关键设计、配方配比、关键工艺及产品内、外部结构等。采用与实物、图纸、照片对比检查,检查人员专业判定,现场生产操作等方法进行检查。

5.2.5 对产品特性进行的指定检验,检验项目应由认证机构指定并由检查组在工厂现场进行,必要时也可由认证机构指定的检验机构实施。

5.3 检查记录

检查组应填写检查记录,包括消防产品一致性检查记录和消防产品一致性控制检查记录。消防产品一致性检查记录见附录 A,消防产品一致性控制检查记录见附录 B。

6 判定

6.1 消防产品一致性检查结果判定分为符合与不符合。

6.2 消防产品一致性检查结果证实产品与检查准则相一致的,判产品一致性为符合。

6.3 存在下述情况之一的,判产品一致性为不符合:

a) 产品铭牌标志、说明书内容等与型式检验样品不符;
b) 产品的关键设计、配方配比、关键工艺与型式检验样品的关键设计、配方配比、关键工艺不符;
c) 产品内、外部结构与型式检验样品不符;
d) 产品特性的指定检验不合格;
e) 违反认证实施规则的特定条款;
f) 违反认证机构特殊检查规定;
g) 涉及产品一致性的变更未得到认证机构批准;
h) 其他与检查准则不一致的情况。

7 处理

7.1 产品一致性符合的,检查组应将检查记录按规定的时限上报认证机构。

7.2 按照 XF 1035 的 5.4.7 对不合格性质的规定,产品一致性不符合的性质为严重不合格,检查组应出具严重不合格报告。属于初始检查的,应立即中止检查;属于证后监督的,检查组应代表认证机构收回认证证书、封存认证标志,并要求工厂立即停止生产和停止使用认证标志。

7.3 被判定产品一致性不符合的工厂,应根据认证规则及认证机构的要求进行整改,整改完成后按规定的程序向认证机构提出重新检查申请。

7.4 对在流通领域、使用领域发现的产品一致性不符合的产品,应根据有关法律法规,按未经认证产品进行处理。

附 录 A
（规范性附录）
消防产品一致性检查记录

A.1 要求

A.1.1 消防产品一致性检查记录由具有规定专业资质的检查人员填写。记录填写应使用黑色钢笔或碳素笔，记录内容应完整，字迹清晰规范，不适用的检查项目在对应的检查记录表中以斜杠画掉。

A.1.2 制造商、工厂不同时，应同时填写制造商和工厂的名称并注明。

A.1.3 检查记录中填写的产品规格型号应与认证申请书或认证证书、型式检验报告中产品的规格型号一致。

A.2 消防产品一致性检查记录表

A.2.1 点型感烟火灾探测器一致性检查表见表 A.1。

A.2.2 点型感温火灾探测器一致性检查表见表 A.2。

A.2.3 独立式感烟火灾探测报警器一致性检查表见表 A.3。

A.2.4 点型一氧化碳火灾探测器一致性检查表见表 A.4。

A.2.5 吸气式感烟火灾探测器一致性检查表见表 A.5。

A.2.6 图像型火灾探测器一致性检查表见表 A.6。

A.2.7 点型红外火焰探测器一致性检查表见表 A.7。

A.2.8 点型复合式感烟感温火灾探测器一致性检查表见表 A.8。

A.2.9 点型紫外火焰探测器一致性检查表见表 A.9。

A.2.10 线型光束感烟火灾探测器一致性检查表见表 A.10。

A.2.11 可燃气体探测器一致性检查表见表 A.11。

A.2.12 测温式电气火灾监控探测器一致性检查表见表 A.12。

A.2.13 剩余电流式电气火灾监控探测器一致性检查表见表 A.13。

A.2.14 手动火灾报警按钮一致性检查表见表 A.14。

A.2.15 消火栓按钮一致性检查表见表 A.15。

A.2.16 火灾报警控制器一致性检查表见表 A.16。

A.2.17 火灾报警控制器(联动型)一致性检查表见表 A.17。

A.2.18 可燃气体报警控制器一致性检查表见表 A.18。

A.2.19 电气火灾监控设备一致性检查表见表 A.19。

A.2.20 火灾声和/或光警报器一致性检查表见表 A.20。

A.2.21 火灾显示盘一致性检查表见表 A.21。

A.2.22 消防联动控制器一致性检查表见表 A.22。

A.2.23 消防电气控制装置一致性检查表见表 A.23。

A.2.24 消防电动装置一致性检查表见表 A.24。

A.2.25 消防设备应急电源一致性检查表见表 A.25。

A.2.26 消防应急广播设备一致性检查表见表 A.26。

A.2.27 消防电话一致性检查表见表 A.27。

A.2.28 传输设备一致性检查表见表 A.28。

A.2.29 模块一致性检查表见表 A.29。

A.2.30 消防控制室图形显示装置一致性检查表见表 A.30。

A.2.31 气体灭火控制器一致性检查表见表 A.31。

A. 2. 32　防火卷帘控制器一致性检查表见表 A. 32。
A. 2. 33　正压式消防空气呼吸器一致性检查表见表 A. 33。
A. 2. 34　消防水枪一致性检查表见表 A. 34。
A. 2. 35　消防水带一致性检查表见表 A. 35。
A. 2. 36　消防软管卷盘一致性检查表见表 A. 36。
A. 2. 37　手提式灭火器一致性检查表见表 A. 37。
A. 2. 38　推车式灭火器一致性检查表见表 A. 38。
A. 2. 39　气体灭火剂一致性检查表见表 A. 39。
A. 2. 40　泡沫灭火剂一致性检查表见表 A. 40。
A. 2. 41　干粉灭火剂一致性检查表见表 A. 41。
A. 2. 42　水系灭火剂一致性检查表见表 A. 42。
A. 2. 43　固定消防给水设备—消防气压给水设备一致性检查表见表 A. 43。
A. 2. 44　固定消防给水设备—消防自动恒压给水设备一致性检查表见表 A. 44。
A. 2. 45　固定消防给水设备—消防增压稳压给水设备一致性检查表见表 A. 45。
A. 2. 46　固定消防给水设备—消防气体顶压给水设备一致性检查表见表 A. 46。
A. 2. 47　固定消防给水设备—消防双动力给水设备一致性检查表见表 A. 47。
A. 2. 48　室内消火栓一致性检查表见表 A. 48。
A. 2. 49　室外消火栓一致性检查表见表 A. 49。
A. 2. 50　消防水泵接合器一致性检查表见表 A. 50。
A. 2. 51　消防接口一致性检查表见表 A. 51。
A. 2. 52　洒水喷头、早期抑制快速响应(ESFR)喷头、扩大覆盖面积(EC)洒水喷头、家用喷头一致性检查表见表 A. 52。
A. 2. 53　水幕喷头一致性检查表见表 A. 53。
A. 2. 54　水雾喷头一致性检查表见表 A. 54。
A. 2. 55　湿式报警阀一致性检查表见表 A. 55。
A. 2. 56　干式报警阀一致性检查表见表 A. 56。
A. 2. 57　雨淋报警阀一致性检查表见表 A. 57。
A. 2. 58　预作用报警阀组一致性检查表见表 A. 58。
A. 2. 59　消防信号闸阀、消防信号蝶阀、消防信号截止阀、消防闸阀、消防蝶阀、消防球阀、消防截止阀一致性检查表见表 A. 59。
A. 2. 60　消防电磁阀一致性检查表见表 A. 60。
A. 2. 61　压力开关一致性检查表见表 A. 61。
A. 2. 62　水流指示器一致性检查表见表 A. 62。
A. 2. 63　自动寻的喷水灭火装置一致性检查表见表 A. 63。
A. 2. 64　微水雾滴灭火设备一致性检查表见表 A. 64。
A. 2. 65　感温自启动灭火装置一致性检查表见表 A. 65。
A. 2. 66　泡沫发生装置一致性检查表见表 A. 66。
A. 2. 67　泡沫喷射装置一致性检查表见表 A. 67。
A. 2. 68　压力式比例混合装置一致性检查表见表 A. 68。
A. 2. 69　平衡式比例混合装置一致性检查表见表 A. 69。
A. 2. 70　管线式比例混合器一致性检查表见表 A. 70。
A. 2. 71　环泵式比例混合器一致性检查表见表 A. 71。
A. 2. 72　泡沫消火栓箱一致性检查表见表 A. 72。

A.2.73 泡沫消火栓一致性检查表见表A.73。

A.2.74 连接软管一致性检查表见表A.74。

A.2.75 半固定式(轻便式)泡沫灭火装置一致性检查表见表A.75。

A.2.76 闭式泡沫-水喷淋装置一致性检查表见表A.76。

A.2.77 气体灭火系统灭火剂瓶组一致性检查表见表A.77。

A.2.78 气体灭火系统容器阀、总控阀一致性检查表见表A.78。

A.2.79 气体灭火系统选择阀一致性检查表见表A.79。

A.2.80 气体灭火系统单向阀一致性检查表见表A.80。

A.2.81 气体灭火系统喷嘴一致性检查表见表A.81。

A.2.82 气体灭火系统集流管/分流管一致性检查表见表A.82。

A.2.83 气体灭火系统信号反馈装置一致性检查表见表A.83。

A.2.84 气体灭火系统低泄高封阀一致性检查表见表A.84。

A.2.85 气体灭火系统电磁型驱动装置一致性检查表见表A.85。

A.2.86 气体灭火系统气动型驱动装置一致性检查表见表A.86。

A.2.87 气体灭火系统电爆型驱动装置一致性检查表见表A.87。

A.2.88 气体灭火系统机械型驱动装置一致性检查表见表A.88。

A.2.89 气体灭火系统燃气型驱动装置一致性检查表见表A.89。

A.2.90 气体灭火系统电动型驱动装置一致性检查表见表A.90。

A.2.91 气体灭火系统(低压CO_2)超压泄放阀一致性检查表见表A.91。

A.2.92 气体灭火系统(低压CO_2)压力控制装置一致性检查表见表A.92。

A.2.93 气体灭火系统(低压CO_2)灭火剂贮存装置一致性检查表见表A.93。

A.2.94 悬挂式气体灭火装置一致性检查表见表A.94。

A.2.95 消防应急灯具一致性检查表见表A.95。

A.2.96 应急照明控制器一致性检查表见表A.96。

A.2.97 消防应急灯具专用应急电源一致性检查表见表A.97。

A.2.98 防火门一致性检查表见表A.98。

A.2.99 防火窗一致性检查表见表A.99。

A.2.100 饰面型防火涂料一致性检查表见表A.100。

A.2.101 钢结构防火涂料一致性检查表见表A.101。

A.2.102 电缆防火涂料一致性检查表见表A.102。

A.2.103 柔性有机堵料一致性检查表见表A.103。

A.2.104 无机堵料一致性检查表见表A.104。

A.2.105 阻火包一致性检查表见表A.105。

A.2.106 阻火模块一致性检查表见表A.106。

A.2.107 防火封堵板材一致性检查表见表A.107。

A.2.108 泡沫封堵材料一致性检查表见表A.108。

A.2.109 防火密封胶一致性检查表见表A.109。

A.2.110 缝隙封堵材料一致性检查表见表A.110。

A.2.111 阻火包带一致性检查表见表A.111。

A.3 本标准未给出消防产品一致性检查表的，按认证机构的有关要求执行。

表 A.1 点型感烟火灾探测器一致性检查表

受检查方：　　　　　　　　　　　　　　　　　　填表时间：　　年　　月　　日

产品名称、型号			
检查项目	检查内容	检查结论	不合格事实描述
一、铭牌标志 产品名称、型号、执行标准号、制造商名称、接线端子标注、制造日期、产品编号、产地、探测器内软件版本号、说明书等		□符合 □不符合	
二、关键元器件 放射源片、光信号发射和接收器件的型号、生产厂名称		□符合 □不符合	
三、产品特性参数 1.外形结构、尺寸 2.外壳材质 3.电路设计 4.额定工作电压 5.地址编码方式		□符合 □不符合	
四、主要生产工艺		□符合 □不符合	
综合结论	□ 符合认证要求	□ 不符合认证要求	

检查人员：

表 A.2 点型感温火灾探测器一致性检查表

受检查方：　　　　　　　　　　　　　　　　填表时间：　　年　　月　　日

产品名称、型号			
检查项目	检查内容	检查结论	不合格事实描述
一、铭牌标志 产品名称和类别、型号、执行标准号、制造商名称、接线端子标注、制造日期、产品编号、产地、探测器软件版本号、说明书等		□符合 □不符合	
二、关键元器件 感温元件的型号、生产厂名称		□符合 □不符合	
三、产品特性参数 1.外形结构、尺寸 2.外壳材质 3.电路设计 4.额定工作电压 5.地址编码方式		□符合 □不符合	
四、主要生产工艺		□符合 □不符合	
综合结论	□ 符合认证要求　　　　　　□ 不符合认证要求		

检查人员：

表 A.3 独立式感烟火灾探测报警器一致性检查表

受检查方：　　　　　　　　　　　　　　　　　　　　　　填表时间：　　年　　月　　日

产品名称、型号			
检查项目	检查内容	检查结论	不合格事实描述
一、铭牌标志 产品名称、型号、执行标准号、制造商名称、制造日期、产品编号、主要技术参数、说明书等		□符合 □不符合	
二、关键元器件 放射源片、光信号发射和接收器件、电池、声响器件的型号、生产厂名称		□符合 □不符合	
三、产品特性参数 1.外形结构、尺寸 2.外壳材质 3.电路设计 4.额定工作电压		□符合 □不符合	
四、主要生产工艺		□符合 □不符合	
综合结论	□ 符合认证要求　　□ 不符合认证要求		

检查人员：

表 A.4 点型一氧化碳火灾探测器一致性检查表

受检查方： 填表时间： 年 月 日

产品名称、型号			
检查项目	检查内容	检查结论	不合格事实描述
一、铭牌标志 产品名称、型号、执行标准号、制造商名称、制造日期、产品编号、产地、主要技术参数、接线柱标注、说明书等		□符合 □不符合	
二、关键元器件 气敏元件的名称、规格型号、生产厂名称		□符合 □不符合	
三、产品特性参数 1.外形结构、尺寸 2.外壳材质 3.电路设计 4.报警设定值		□符合 □不符合	
四、主要生产工艺		□符合 □不符合	
综合结论	□ 符合认证要求 □ 不符合认证要求		

检查人员：

表 A.5 吸气式感烟火灾探测器一致性检查表

受检查方： 填表时间： 年 月 日

产品名称、型号			
检查项目	检查内容	检查结论	不合格事实描述
一、铭牌标志 产品名称、型号、执行标准号、制造商名称、制造日期、产品编号、产地、主要技术参数、接线柱标注、说明书等		□符合 □不符合	
二、关键元器件 感烟探测器件、抽气泵的名称、规格型号、生产厂名称		□符合 □不符合	
三、产品特性参数 1.外形结构、尺寸 2.外壳材质 3.电路设计 4.管路最大使用长度		□符合 □不符合	
四、主要生产工艺		□符合 □不符合	
综合结论	□ 符合认证要求	□ 不符合认证要求	

检查人员：

表 A.6 图像型火灾探测器一致性检查表

受检查方：　　　　　　　　　　　　　　　　　　　　　　　　填表时间：　　年　　月　　日

产品名称、型号			
检查项目	检查内容	检查结论	不合格事实描述
一、铭牌标志 产品名称、型号、执行标准号、制造商名称、制造日期、产品编号、产地、主要技术参数、接线柱标注、说明书等		□符合 □不符合	
二、关键元器件 镜头的名称、规格型号、生产厂名称		□符合 □不符合	
三、产品特性参数 1.外形结构、尺寸 2.外壳材质 3.电路设计 4.最小火焰尺寸、定位精度、视场角		□符合 □不符合	
四、主要生产工艺		□符合 □不符合	
综合结论	□ 符合认证要求　　　　□ 不符合认证要求		

检查人员：

表 A.7　点型红外火焰探测器一致性检查表

受检查方：　　　　　　　　　　　　　　　　　　　　　　　　填表时间：　　年　　月　　日

产品名称、型号			
检查项目	检查内容	检查结论	不合格事实描述
一、铭牌标志 产品名称、型号、执行标准号、制造商名称、制造日期、产品编号、产地、主要技术参数、接线柱标注、说明书等		□符合 □不符合	
二、关键元器件 红外光敏元件的名称、规格型号、生产厂名称		□符合 □不符合	
三、产品特性参数 1.外形结构、尺寸 2.外壳材质 3.电路设计 4.响应的火焰辐射光谱范围、灵敏度		□符合 □不符合	
四、主要生产工艺		□符合 □不符合	
综合结论	□ 符合认证要求	□ 不符合认证要求	

检查人员：

表 A.8　点型复合式感烟感温火灾探测器一致性检查表

受检查方：　　　　　　　　　　　　　　　　　　　　填表时间：　　年　　月　日

产品名称、型号			
检查项目	检查内容	检查结论	不合格事实描述
一、铭牌标志 产品名称和类别、型号、执行标准号、制造商名称、接线端子标注、制造日期、产品编号、产地、探测器软件版本号、说明书等		□符合 □不符合	
二、关键元器件 放射源片、光信号发射和接收器件、感温元件的型号、生产厂名称		□符合 □不符合	
三、产品特性参数 1.外形结构、尺寸 2.外壳材质 3.电路设计 4.额定工作电压 5.地址编码方式		□符合 □不符合	
四、主要生产工艺		□符合 □不符合	
综合结论	□ 符合认证要求	□ 不符合认证要求	

检查人员：

表 A.9 点型紫外火焰探测器一致性检查表

受检查方：　　　　　　　　　　　　　　　　　　　　　　　　填表时间：　　年　　月　　日

产品名称、型号			
检查项目	检查内容	检查结论	不合格事实描述
一、铭牌标志 产品名称、型号、执行标准号、制造商名称、制造日期、产品编号、产地、主要技术参数、符号、说明书等		□符合 □不符合	
二、关键元器件 紫外光敏元件的名称、规格型号、生产厂名称		□符合 □不符合	
三、产品特性参数 1.外形结构、尺寸 2.外壳材质 3.电路设计 4.响应的火焰辐射光谱范围、灵敏度		□符合 □不符合	
四、主要生产工艺		□符合 □不符合	
综合结论	□ 符合认证要求　　　　　□ 不符合认证要求		

检查人员：

表 A.10 线型光束感烟火灾探测器一致性检查表

受检查方：　　　　　　　　　　　　　　　　　　　　　　　　　　　填表时间：　年　月日

产品名称、型号			
检查项目	检查内容	检查结论	不合格事实描述
一、铭牌标志 产品名称、型号、执行标准号、制造商名称、制造日期、产品编号、产地、主要技术参数、接线柱标注、说明书等		□符合 □不符合	
二、关键元器件 光信号发射器件、光信号接收器件的名称、规格型号、生产厂名称		□符合 □不符合	
三、产品特性参数 1.外形结构、尺寸 2.外壳材质 3.电路设计 4.最大光路长度、最小光路长度、最大光路方向偏差、探测器的响应阈值，具有可变响应阈值的探测器应标明最大和最小响应阈值		□符合 □不符合	
四、主要生产工艺		□符合 □不符合	
综合结论	□ 符合认证要求　　　　□ 不符合认证要求		

检查人员：

表 A.11 可燃气体探测器一致性检查表

受检查方： 填表时间： 年 月 日

产品名称、型号			
检查项目	检查内容	检查结论	不合格事实描述
一、铭牌标志 产品名称、型号、执行标准号、生产厂名称、厂址、商标、制造日期及产品编号、主要技术参数(适合气体种类、报警设定值)、防爆标志、说明书等		□符合 □不符合	
二、关键元器件 传感器的生产厂名称、型号		□符合 □不符合	
三、产品特性检查 1.外形结构、尺寸 2.电路设计 3.外壳材质 4.使用环境		□符合 □不符合	
四、主要生产工艺		□符合 □不符合	
综合结论	□ 符合认证要求 □ 不符合认证要求		

检查人员：

表 A.12 测温式电气火灾监控探测器一致性检查表

受检查方： 填表时间： 年 月 日

产品名称、型号			
检查项目	检查内容	检查结论	不合格事实描述
一、铭牌标志 产品名称、型号、执行标准号、制造商名称、制造日期、产品编号、产地、主要技术参数、接线柱标注、说明书等		□符合 □不符合	
二、关键元器件 感温元件的名称、规格型号、生产厂名称		□符合 □不符合	
三、产品特性参数 1.外形结构、尺寸 2.外壳材质 3.电路设计 4.额定工作电压、报警设定值		□符合 □不符合	
四、主要生产工艺		□符合 □不符合	
综合结论	□ 符合认证要求	□ 不符合认证要求	

检查人员：

表 A.13 剩余电流式电气火灾监控探测器一致性检查表

受检查方：　　　　　　　　　　　　　　　　　　　　　　　　填表时间：　　年　　月　　日

产品名称、型号			
检查项目	检查内容	检查结论	不合格事实描述
一、铭牌标志 产品名称、型号、执行标准号、制造商名称、制造日期、产品编号、产地、主要技术参数、接线柱标注、说明书等		□符合 □不符合	
二、关键元器件 探测器件的名称、规格型号、生产厂名称		□符合 □不符合	
三、产品特性参数 1.外形结构、尺寸 2.外壳材质 3.电路设计 4.额定工作电压、报警设定值		□符合 □不符合	
四、主要生产工艺		□符合 □不符合	
综合结论	□ 符合认证要求　　□ 不符合认证要求		

检查人员：

表 A.14 手动火灾报警按钮一致性检查表

受检查方： 填表时间： 年 月 日

产品名称、型号			
检查项目	检查内容	检查结论	不合格事实描述
一、铭牌标志 产品名称、型号、执行标准号、制造商名称、制造日期、产品编号、产地、接线端子标注、说明书等		□符合 □不符合	
二、关键元器件 启动零件生产厂名称、触点生产厂名称及技术指标		□符合 □不符合	
三、产品特性参数 1.外形结构、尺寸 2.外壳材质 3.电路设计 4.额定工作电压 5.地址编码方式		□符合 □不符合	
四、主要生产工艺		□符合 □不符合	
综合结论	□ 符合认证要求		□ 不符合认证要求

检查人员：

表 A.15 消火栓按钮一致性检查表

受检查方：　　　　　　　　　　　　　　　　　　　　填表时间：　　年　　月　　日

产品名称、型号			
检查项目	检查内容	检查结论	不合格事实描述
一、铭牌标志 产品名称、型号、执行标准号、制造商名称、制造日期、产品编号、产地、主要技术参数、接线柱标注、说明书等		□符合 □不符合	
二、关键元器件 触点的名称、规格型号、生产厂名称		□符合 □不符合	
三、产品特性参数 1.外形结构、尺寸 2.外壳材质 3.电路设计 4.额定工作电压		□符合 □不符合	
四、主要生产工艺		□符合 □不符合	
综合结论	□ 符合认证要求	□ 不符合认证要求	

检查人员：

表 A.16　火灾报警控制器一致性检查表

受检查方：　　　　　　　　　　　　　　　　　　　　　　　填表时间：　　年　　月　　日

产品名称、型号			
检查项目	检查内容	检查结论	不合格事实描述
一、铭牌标志 产品名称、型号、执行标准号、制造商名称、制造日期、产品编号、产地、控制器内软件版本号、接线端子标注、说明书等		□符合 □不符合	
二、关键元器件 显示器件、电源、电池规格型号、生产厂名称		□符合 □不符合	
三、产品特性参数 1.外形结构、尺寸 2.外壳材质 3.电路设计 4.设备容量		□符合 □不符合	
四、主要生产工艺		□符合 □不符合	
综合结论	□ 符合认证要求　　　　　　　□ 不符合认证要求		

检查人员：

表 A.17 火灾报警控制器(联动型)一致性检查表

受检查方： 填表时间： 年 月 日

产品名称、型号			
检查项目	检查内容	检查结论	不合格事实描述
一、铭牌标志 产品名称、型号、制造商名称、产地、制造日期、产品编号、执行标准号、软件版本号、接线端子标注、说明书等		□符合 □不符合	
二、关键元器件 显示器件、电源、电池的型号、生产厂名称		□符合 □不符合	
三、产品特性参数 1.外形结构、尺寸 2.外壳材质 3.电路设计 4.设备容量		□符合 □不符合	
四、主要生产工艺		□符合 □不符合	
综合结论	□ 符合认证要求 □ 不符合认证要求		

检查人员：

表 A.18 可燃气体报警控制器一致性检查表

受检查方：　　　　　　　　　　　　　　　　　　　　　　　　填表时间：　　年　　月　　日

产品名称、型号			
检查项目	检查内容	检查结论	不合格事实描述
一、铭牌标志 产品名称、型号、执行标准号、生产厂名称、厂址、商标、制造日期、产品编号、产地、接线柱标注、说明书等		□符合 □不符合	
二、关键元器件 1.显示器件类别 2.电源的名称、规格型号、生产厂名称		□符合 □不符合	
三、产品特性检查 1.外形结构、尺寸 2.电路设计 3.外壳材质 4.产品回路数、每回路连接可燃气体探测器的数量		□符合 □不符合	
四、主要生产工艺		□符合 □不符合	
综合结论	□ 符合认证要求　　　　□ 不符合认证要求		

检查人员：

表 A.19 电气火灾监控设备一致性检查表

受检查方： 填表时间： 年 月 日

产品名称、型号			
检查项目	检查内容	检查结论	不合格事实描述
一、铭牌标志 产品名称、型号、执行标准号、制造商名称、制造日期、产品编号、产地、主要技术参数、接线柱标注、说明书等		□符合 □不符合	
二、关键元器件 电源的名称、规格型号、生产厂名称		□符合 □不符合	
三、产品特性参数 1.外形结构、尺寸 2.外壳材质 3.电路设计 4.额定工作电压、报警设定值 5.显示器件类别		□符合 □不符合	
四、主要生产工艺		□符合 □不符合	
综合结论	□ 符合认证要求	□ 不符合认证要求	

检查人员：

表 A.20 火灾声和/或光警报器一致性检查表

受检查方：　　　　　　　　　　　　　　　　　　　　　　　　　　填表时间：　　年　　月　　日

产品名称、型号			
检查项目	检查内容	检查结论	不合格事实描述
一、铭牌标志 产品名称、型号、执行标准号、制造商名称、制造日期、产品编号、产地、主要技术参数、接线柱标注、说明书等		□符合 □不符合	
二、关键元器件 发光器件、声响部件的名称、规格型号、生产厂名称		□符合 □不符合	
三、产品特性参数 1.外形结构、尺寸 2.外壳材质 3.电路设计 4.声压级、变调周期、基本闪光频率		□符合 □不符合	
四、主要生产工艺		□符合 □不符合	
综合结论	□ 符合认证要求	□ 不符合认证要求	

检查人员：

表 A.21 火灾显示盘一致性检查表

受检查方：　　　　　　　　　　　　　　　　　　　　　　　　　　　　填表时间：　　年　　月　　日

产品名称、型号			
检查项目	检查内容	检查结论	不合格事实描述
一、铭牌标志 产品名称、型号、执行标准号、制造商名称、制造日期、产品编号、产地、主要技术参数、接线柱标注、说明书等		□符合 □不符合	
二、关键元器件 电源的名称、规格型号、生产厂名称		□符合 □不符合	
三、产品特性参数 1.外形结构、尺寸 2.外壳材质 3.电路设计 4.额定工作电压 5.显示器件类别		□符合 □不符合	
四、主要生产工艺		□符合 □不符合	
综合结论	□ 符合认证要求	□ 不符合认证要求	

检查人员：

表 A.22 消防联动控制器一致性检查表

受检查方： 填表时间： 年 月 日

产品名称、型号			
检查项目	检查内容	检查结论	不合格事实描述
一、铭牌标志 产品名称、型号、制造商名称、产地、制造日期、产品编号、执行标准号、说明书等		□符合 □不符合	
二、关键元器件 显示器件、电源、电池的型号、生产厂名称		□符合 □不符合	
三、产品特性参数 1.外形结构、尺寸 2.外壳材质 3.电路设计 4.设备容量		□符合 □不符合	
四、主要生产工艺		□符合 □不符合	
综合结论	□ 符合认证要求	□ 不符合认证要求	

检查人员：

表 A.23 消防电气控制装置一致性检查表

受检查方： 填表时间： 年 月 日

产品名称、型号			
检查项目	检查内容	检查结论	不合格事实描述
一、铭牌标志 产品名称、型号、制造商名称、产地、制造日期、产品编号、执行标准号、说明书等		□符合 □不符合	
二、关键元器件 接触器、变压器(如配有)型号、生产厂名称		□符合 □不符合	
三、产品特性参数 1.外形结构、尺寸 2.外壳材质 3.电路设计 4.额定输出功率 5.输出电压		□符合 □不符合	
四、主要生产工艺		□符合 □不符合	
综合结论	□ 符合认证要求	□ 不符合认证要求	

检查人员：

表 A.24 消防电动装置一致性检查表

受检查方： 填表时间： 年 月 日

产品名称、型号			
检查项目	检查内容	检查结论	不合格事实描述
一、铭牌标志 产品名称、型号、制造商名称、产地、制造日期、产品编号、执行标准号、说明书等		□符合 □不符合	
二、关键元器件 执行部件的名称、型号、生产厂名称		□符合 □不符合	
三、产品特性参数 1.外形结构、尺寸 2.外壳材质 3.电路设计		□符合 □不符合	
四、主要生产工艺		□符合 □不符合	
综合结论	□ 符合认证要求 □ 不符合认证要求		

检查人员：

表 A.25　消防设备应急电源一致性检查表

受检查方：　　　　　　　　　　　　　　　　　　　　　　　　填表时间：　　年　　月　　日

产品名称、型号			
检查项目	检查内容	检查结论	不合格事实描述
一、铭牌标志 产品名称、型号、制造商名称、产地、制造日期、产品编号、执行标准号、说明书等		□符合 □不符合	
二、关键元器件 变压器、电池、逆变器型号、生产厂名称		□符合 □不符合	
三、产品特性参数 1.外形结构、尺寸 2.外壳材质 3.电路设计 4.额定输出功率 5.输出电压		□符合 □不符合	
四、主要生产工艺		□符合 □不符合	
综合结论	□ 符合认证要求　　　　　　　　　□ 不符合认证要求		

检查人员：

表 A.26 消防应急广播设备一致性检查表

受检查方：　　　　　　　　　　　　　　　　　　　　　　　　填表时间：　　年　　月　　日

产品名称、型号			
检查项目	检查内容	检查结论	不合格事实描述
一、铭牌标志 产品名称、型号、制造商名称、产地、制造日期、产品编号、执行标准号、说明书等		□符合 □不符合	
二、关键元器件 功率放大器型号、生产厂名称		□符合 □不符合	
三、产品特性参数 1. 外形结构、尺寸 2. 外壳材质 3. 电路设计 4. 额定输出功率 5. 输出电压		□符合 □不符合	
四、主要生产工艺		□符合 □不符合	
综合结论	□ 符合认证要求	□ 不符合认证要求	

检查人员：

表 A.27 消防电话一致性检查表

受检查方： 填表时间： 年 月 日

产品名称、型号			
检查项目	检查内容	检查结论	不合格事实描述
一、铭牌标志 产品名称、型号、制造商名称、产地、制造日期、产品编号、执行标准号、说明书等		□符合 □不符合	
二、关键元器件 送话器、受话器型号、生产厂名称		□符合 □不符合	
三、产品特性参数 1.外形结构、尺寸 2.外壳材质 3.电路设计 4.总机容量		□符合 □不符合	
四、主要生产工艺		□符合 □不符合	
综合结论	□ 符合认证要求 □ 不符合认证要求		

检查人员：

表 A.28 传输设备一致性检查表

受检查方：　　　　　　　　　　　　　　　　　　　　　　　　填表时间：　　年　　月　　日

产品名称、型号			
检查项目	检查内容	检查结论	不合格事实描述
一、铭牌标志 产品名称、型号、制造商名称、产地、制造日期、产品编号、执行标准号、说明书等		□符合 □不符合	
二、关键元器件 电源、电池的型号、生产厂名称		□符合 □不符合	
三、产品特性参数 1.外形结构、尺寸 2.外壳材质 3.电路设计 4.软件版本号、发布日期		□符合 □不符合	
四、主要生产工艺		□符合 □不符合	
综合结论	□ 符合认证要求　　　　□ 不符合认证要求		

检查人员：

表 A.29 模块一致性检查表

受检查方： 填表时间： 年 月 日

产品名称、型号			
检查项目	检查内容	检查结论	不合格事实描述
一、铭牌标志 产品名称、型号、制造商名称、产地、制造日期、产品编号、执行标准号、说明书等		□符合 □不符合	
二、关键元器件 电路板 PCB 版本号、生产厂名称		□符合 □不符合	
三、产品特性参数 1.外形结构、尺寸 2.外壳材质 3.电路设计		□符合 □不符合	
四、主要生产工艺		□符合 □不符合	
综合结论	□ 符合认证要求	□ 不符合认证要求	

检查人员：

表 A.30　消防控制室图形显示装置一致性检查表

受检查方：　　　　　　　　　　　　　　　　　　　　填表时间：　　年　　月　　日

产品名称、型号			
检查项目	检查内容	检查结论	不合格事实描述
一、铭牌标志 产品名称、型号、制造商名称、产地、制造日期、产品编号、执行标准号、说明书等		□符合 □不符合	
二、关键元器件 显示器件的型号、生产厂名称、主板的生产厂名称		□符合 □不符合	
三、产品特性参数 1.外形结构、尺寸 2.外壳材质 3.电路设计 4.软件版本号、发布日期		□符合 □不符合	
四、主要生产工艺		□符合 □不符合	
综合结论	□ 符合认证要求　　　　□ 不符合认证要求		

检查人员：

表 A.31 气体灭火控制器一致性检查表

受检查方：　　　　　　　　　　　　　　　　　　　　填表时间：　　年　　月　　日

产品名称、型号			
检查项目	检查内容	检查结论	不合格事实描述
一、铭牌标志 产品名称、型号、制造商名称、产地、制造日期、产品编号、执行标准号、说明书等		□符合 □不符合	
二、关键元器件 电源、电池的型号、生产厂名称		□符合 □不符合	
三、产品特性参数 1.外形结构、尺寸 2.外壳材质 3.电路设计 4.设备容量		□符合 □不符合	
四、主要生产工艺		□符合 □不符合	
综合结论	□ 符合认证要求	□ 不符合认证要求	

检查人员：

表 A.32　防火卷帘控制器一致性检查表

受检查方：　　　　　　　　　　　　　　　　　　　　　　　　填表时间：　　年　　月　日

产品名称、型号			
检查项目	检查内容	检查结论	不合格事实描述
一、铭牌标志 产品名称、型号、执行标准号、制造商名称、制造日期、产品编号、产地、主要技术参数、接线柱标注、说明书等		□符合 □不符合	
二、关键元器件 电源的名称、规格型号、生产厂名称		□符合 □不符合	
三、产品特性参数 1.外形结构、尺寸 2.外壳材质 3.电路设计 4.输出电压、输出功率 5.显示器件类别		□符合 □不符合	
四、主要生产工艺		□符合 □不符合	
综合结论	□ 符合认证要求　　　　　　　　□ 不符合认证要求		

检查人员：

表 A.33 正压式消防空气呼吸器一致性检查表

受检查方：　　　　　　　　　　　　　　　　　　　　　　　　　　填表时间：　　年　　月　　日

检查项目	检查内容		检查结论	不合格事实描述
产品名称、型号				
一、铭牌标志				
面罩标志	规格型号		□符合 □不符合	
	生产厂			
供气阀标志	规格型号		□符合 □不符合	
	生产厂			
减压器标志	规格型号		□符合 □不符合	
	生产厂			
警报器标志	规格型号		□符合 □不符合	
	生产厂			
气瓶标志	压缩空气		□符合 □不符合	
	气瓶编号			
	水压试验压力			
	公称工作压力			
	公称容积			
	重量			
	生产日期			
	检验周期			
	使用年限			
	产品标准号			
	生产厂			
	警示			
导气管标志	生产厂		□符合	□不符合
	额定工作压力			

表 A.33（续）

<table>
<tr><th>检查项目</th><th colspan="2">检查内容</th><th>检查结论</th><th>不合格事实描述</th></tr>
<tr><td rowspan="2">背架标志</td><td>规格型号</td><td></td><td rowspan="2">□符合
□不符合</td><td rowspan="2"></td></tr>
<tr><td>生产厂</td><td></td></tr>
<tr><td rowspan="2">气瓶瓶阀标志</td><td>生产厂</td><td></td><td rowspan="2">□符合
□不符合</td><td rowspan="2"></td></tr>
<tr><td>规格型号</td><td></td></tr>
<tr><td rowspan="7">包装箱标志</td><td>生产厂</td><td></td><td rowspan="7">□符合
□不符合</td><td rowspan="7"></td></tr>
<tr><td>生产厂地址</td><td></td></tr>
<tr><td>产品名称</td><td></td></tr>
<tr><td>规格型号</td><td></td></tr>
<tr><td>生产日期</td><td></td></tr>
<tr><td>产品批号</td><td></td></tr>
<tr><td>产品标准号</td><td></td></tr>
<tr><td colspan="2">产品使用说明书</td><td></td><td>□符合
□不符合</td><td></td></tr>
<tr><td colspan="2">二、关键件
1.面罩的规格型号、生产厂
2.供气阀的规格型号、生产厂
3.减压器的规格型号、生产厂
4.警报器的规格型号、生产厂</td><td></td><td>□符合
□不符合</td><td></td></tr>
<tr><td colspan="2">三、产品特性参数
减压器输出压力、气瓶瓶阀输出端螺纹尺寸。附：
1.呼吸器总装图
2.面罩外形图片
3.供气阀外形图片
4.减压器外形图片
5.背架外形图片
6.气瓶瓶阀外形图片</td><td></td><td>□符合
□不符合</td><td></td></tr>
<tr><td>综合结论</td><td colspan="2">□ 符合认证要求</td><td colspan="2">□ 不符合认证要求</td></tr>
</table>

检查人员：

表 A.34　消防水枪一致性检查表

受检查方：　　　　　　　　　　　　　　　　　　　　　　　　　填表时间：　　年　　月　　日

产品名称、型号			
检查项目	检查内容	检查结论	不合格事实描述
一、铭牌标志 产品名称、型号、厂名、射流形态改变指示标记、Ⅲ类直流喷雾水枪流量刻度值、Ⅳ类直流喷雾水枪流量使用范围、产品使用说明书		□符合 □不符合	
二、关键零部件 开关球阀规格型号、生产厂		□符合 □不符合	
三、产品特性参数 1.表面防腐处理工艺 2.铸造工艺		□符合 □不符合	
综合结论	□ 符合认证要求　　　□ 不符合认证要求		

检查人员：

表 A.35 消防水带一致性检查表

受检查方：　　　　　　　　　　　　　　　　　　　　填表时间：　　年　　月　　日

产品名称、型号			
检查项目	检查内容	检查结论	不合格事实描述
一、铭牌标志 产品名称、型号、制造商、生产厂、经线名称、纬线名称、外覆材料名称（适用时）、衬里名称、说明书		□符合 □不符合	
二、关键原材料 1. 纬线的名称、规格型号、生产厂 2. 衬里（聚氨酯）的规格型号、生产厂		□符合 □不符合	
三、产品特性参数 编织层结构及编织方法		□符合 □不符合	
综合结论	□ 符合认证要求　　　　　□ 不符合认证要求		

检查人员：

表 A.36 消防软管卷盘一致性检查表

受检查方：　　　　　　　　　　　　　　　　　　　　　　　　填表时间：　　年　　月　　日

产品名称、型号			
检查项目	检查内容	检查结论	不合格事实描述
一、铭牌标志 产品名称、型号、制造商、生产厂、生产日期、产品编号、使用方法和定期检查要求、产品说明书		□符合 □不符合	
二、关键件 软管规格型号、生产厂		□符合 □不符合	
三、产品特性参数 1. 软管结构 2. 喷枪型式		□符合 □不符合	
综合结论	□ 符合认证要求	□ 不符合认证要求	

检查人员：

表 A.37 手提式灭火器一致性检查表

受检查方： 填表时间： 年 月 日

产品名称、型号			
检查项目	检查内容	检查结论	不合格事实描述
一、铭牌标志 1.灭火器的名称、型号和灭火剂的种类 2.灭火器灭火级别和灭火种类 3.灭火器使用温度范围 4.灭火器驱动气体名称和数量或压力 5.灭火器水压试验压力 6.灭火器认证等标志 7.灭火器生产连续序号 8.灭火器生产年份 9.灭火器制造厂名称或代号 10.灭火器的使用方法 11.再充装说明和日常维护说明 12.灭火剂的名称、规格、生产厂、强制性认证证书编号 13.产品使用说明书		□符合 □不符合	
二、关键零部件 1.筒(瓶)体的规格型号、生产厂 2.器头的规格型号、生产厂		□符合 □不符合	

表 A.37（续）

检查项目	检查内容	检查结论	不合格事实描述
三、产品特性参数 1.筒(瓶)体容积 2.筒(瓶)体外径 3.筒(瓶)体材料及最小壁厚 4.上、下封头材料及最小壁厚 5.筒(瓶)体成形工艺 6.筒(瓶)体焊接工艺 7.筒(瓶)体防腐工艺 8.筒(瓶)体热处理工艺 9.灭火剂主成分及含量或主要添加剂(混合比)		□符合 □不符合	
综合结论	□ 符合认证要求	□ 不符合认证要求	

检查人员：

表 A.38　推车式灭火器一致性检查表

受检查方：　　　　　　　　　　　　　　　　　　　　　　　　　　　填表时间：　　年　　月　　日

产品名称、型号			
检查项目	检查内容	检查结论	不合格事实描述
一、铭牌标志 1.推车式灭火器的名称、型号和灭火剂的类型 2.灭火级别和灭火用途代码符号 3.使用温度范围 4.驱动气体,名称和数量或压力 5.水压试验压力 6.生产连续序号 7.生产年份 8.生产厂名称或代号 9.总质量 10.操作说明 11.再充装说明 12.检查说明 13.批准生产的标志 14.灭火剂的名称、规格、生产厂、强制性认证证书编号 15.产品使用说明书		□符合 □不符合	

表 A.38（续）

检查项目	检查内容	检查结论	不合格事实描述
二、关键零部件 1. 筒(瓶)体的规格型号、生产厂 2. 器头的规格型号、生产厂 3. 喷射枪的规格型号、生产厂		□符合 □不符合	
三、产品特性参数 1. 筒(瓶)体容积 2. 筒(瓶)体直径 3. 筒(瓶)体材料及最小壁厚 4. 筒(瓶)体成形工艺 5. 筒(瓶)体防腐工艺 6. 灭火剂主成分及含量或主要添加剂(混合比)		□符合 □不符合	
综合结论	□ 符合认证要求	□ 不符合认证要求	

检查人员：

表 A.39　气体灭火剂一致性检查表

受检查方：　　　　　　　　　　　　　　　　　　　　　　　　填表时间：　　年　　月　　日

产品名称、型号			
检查项目	检查内容	检查结论	不合格事实描述
一、铭牌标志 产品名称、型号、制造商、生产厂、符号、标识、警告用语、说明书等		□符合 □不符合	
二、关键原材料 主要组分的名称、规格型号、生产单位		□符合 □不符合	
三、关键工艺		□符合 □不符合	
四、产品特性检验(必要时) 1.纯度 2.水分含量		□符合 □不符合	
综合结论	□ 符合认证要求	□ 不符合认证要求	

检查人员：

表 A.40 泡沫灭火剂一致性检查表

受检查方： 填表时间： 年 月 日

产品名称、型号			
检查项目	检查内容	检查结论	不合格事实描述
一、铭牌标志 产品名称、型号、制造商、生产厂、符号、标识、警告用语、说明书等		□符合 □不符合	
二、关键原材料 1.发泡剂的名称、规格型号、生产单位 2.表面活性剂的名称、规格型号、生产单位		□符合 □不符合	
三、关键工艺		□符合 □不符合	
四、产品特性检验(必要时) 1.凝固点 2.pH 值 3.表面张力 4.发泡倍数 5.析液时间		□符合 □不符合	
综合结论	□ 符合认证要求	□ 不符合认证要求	

检查人员：

表 A.41 干粉灭火剂一致性检查表

受检查方： 填表时间： 年 月 日

产品名称、型号			
检查项目	检查内容	检查结论	不合格事实描述
一、铭牌标志 产品名称、型号、制造商、生产厂、符号、标识、警告用语、说明书等		□符合 □不符合	
二、关键原材料 1.抗结块剂的名称、规格型号、生产单位 2.主要组分的名称、规格型号、生产单位		□符合 □不符合	
三、关键工艺		□符合 □不符合	
四、产品特性参数 1.松密度 2.主要组分含量(总和应不小于75%) 3.粒度分布 4.90% 粒径(适用于超细粉) 5.含水率		□符合 □不符合	
综合结论	□ 符合认证要求	□ 不符合认证要求	

检查人员：

表 A.42 水系灭火剂一致性检查表

受检查方： 填表时间： 年 月 日

产品名称、型号			
检查项目	检查内容	检查结论	不合格事实描述
一、铭牌标志 产品名称、型号、制造商、生产厂、符号、标识、警告用语、说明书等		□符合 □不符合	
二、关键原材料 表面活性剂的名称、规格型号、生产单位		□符合 □不符合	
三、关键工艺		□符合 □不符合	
四、产品特性检验(必要时) 1.凝固点 2.表面张力		□符合 □不符合	
综合结论	□ 符合认证要求	□ 不符合认证要求	

检查人员：

表 A.43 固定消防给水设备—消防气压给水设备一致性检查表

受检查方： 填表时间： 年 月 日

产品名称、型号			
检查项目	检查内容	检查结论	不合格事实描述
一、铭牌标志 1.内容包括：设备名称、规格型号、基本性能参数、执行标准、制造商、生产厂、系统示意图、简要操作说明 2.标识、警告用语、操作指导书等		□符合 □不符合	
二、关键元器件 1.气压水罐的规格型号、生产单位 2.补气装置的规格型号、生产单位 3.止气装置的规格型号、生产单位		□符合 □不符合	
三、产品特性检查 1.额定工作压力、额定流量、止气/充气压力 2.气压水罐总容积、有效水容积、结构形式、最高工作压力 3.消防泵的性能参数、台数 4.稳压泵的性能参数、台数		□符合 □不符合	
综合结论	□ 符合认证要求	□ 不符合认证要求	

检查人员：

表 A.44 固定消防给水设备—消防自动恒压给水设备一致性检查表

受检查方：　　　　　　　　　　　　　　　　　　　　　　　　　　填表时间：　　年　　月　　日

产品名称、型号			
检查项目	检查内容	检查结论	不合格事实描述
一、铭牌标志 1.内容包括：设备名称、型号、基本性能参数、执行标准、制造商、系统示意图、简要操作说明 2.标识、警告用语、操作指导书等		□符合 □不符合	
二、关键元器件 1.气压水罐（适用时）的规格型号、生产单位 2.变频器（适用时）的规格型号、生产单位 3.回流控压阀（适用时）的规格型号、生产单位		□符合 □不符合	
三、产品特性检查 1.额定工作压力、额定流量 2.消防恒压控制精度 3.消防泵的性能参数、台数 4.稳压泵的性能参数、台数 5.气压水罐总容积、有效水容积（适用时）、结构形式、最高工作压力		□符合 □不符合	
综合结论	□ 符合认证要求	□ 不符合认证要求	

检查人员：

表 A.45 固定消防给水设备—消防增压稳压给水设备一致性检查表

受检查方： 填表时间： 年 月 日

产品名称、型号			
检查项目	检查内容	检查结论	不合格事实描述
一、铭牌标志 1.内容包括：设备名称、型号、基本性能参数、执行标准、制造商、系统示意图、简要操作说明 2.标识、警告用语、操作指导书等		□符合 □不符合	
二、关键元器件 1.气压水罐（适用时）的规格型号、生产单位 2.橡胶隔膜（适用时）的规格型号、生产单位 3.控压仪表的规格型号、生产单位		□符合 □不符合	
三、产品特性检查 1.额定工作压力、额定流量（适用时） 2.气压水罐总容积、有效水容积（适用时）、结构形式、最高工作压力 3.消防泵的性能参数、台数 4.稳压泵的性能参数、台数		□符合 □不符合	
综合结论	□ 符合认证要求	□ 不符合认证要求	

检查人员：

表 A.46 固定消防给水设备—消防气体顶压给水设备一致性检查表

受检查方： 填表时间： 年 月 日

产品名称、型号			
检查项目	检查内容	检查结论	不合格事实描述
一、铭牌标志 1.内容包括：设备名称、型号、基本性能参数、执行标准、制造商、系统示意图、简要操作说明 2.标识、警告用语、操作指导书等		□符合 □不符合	
二、关键元器件 1.气压水罐的规格型号、生产单位 2.减压阀的规格型号、生产单位 3.气压水罐补气装置和顶压系统补气装置(适用时)的规格型号、生产单位 4.储气瓶组规格型号、生产单位		□符合 □不符合	
三、产品特性检查 1.额定工作压力、消防顶压最大工作流量、止气压力 2.气压水罐总容积、顶压置换水容积、结构形式、最高工作压力 3.储气瓶组个数 4.顶压系统启动方式 5.顶压系统减压阀工作压力范围 6.稳压泵的性能参数、台数		□符合 □不符合	
综合结论	□ 符合认证要求	□ 不符合认证要求	

检查人员：

表 A.47 固定消防给水设备—消防双动力给水设备一致性检查表

受检查方： 填表时间： 年 月 日

<table>
<tr><td>产品名称、型号</td><td colspan="3"></td></tr>
<tr><td>检查项目</td><td>检查内容</td><td>检查结论</td><td>不合格事实描述</td></tr>
<tr><td>一、铭牌标志
1.内容包括：设备名称、型号、基本性能参数、执行标准、制造商、系统示意图、简要操作说明
2.标识、警告用语、操作指导书等</td><td></td><td>□符合
□不符合</td><td></td></tr>
<tr><td>二、关键元器件
1.发动机的规格型号、生产单位
2.发动机控制器的规格型号、生产单位
3.气压水罐（适用时）的规格型号、生产单位</td><td></td><td>□符合
□不符合</td><td></td></tr>
<tr><td>三、产品特性检查
1.额定工作压力、额定流量
2.电动机消防泵的性能参数、台数
3.发动机消防泵的性能参数、台数
4.气压水罐总容积、有效水容积（适用时）、结构形式、最高工作压力</td><td></td><td>□符合
□不符合</td><td></td></tr>
<tr><td>综合结论</td><td colspan="3">□ 符合认证要求 □ 不符合认证要求</td></tr>
</table>

检查人员：

表 A.48　室内消火栓一致性检查表

受检查方：　　　　　　　　　　　　　　　　　　　　　　　　　　填表时间：　　年　　月　日

产品名称、型号			
检查项目	检查内容	检查结论	不合格事实描述
一、标志 规格型号、制造商、生产厂、符号、标识等		□符合 □不符合	
二、关键元器件 节流装置(适用时)		□符合 □不符合	
三、产品特性参数 1.外形尺寸 2.开启高度 3.固定接口的型式 4.手轮开关方向		□符合 □不符合	
综合结论	□ 符合认证要求		□ 不符合认证要求

检查人员：

表 A.49 室外消火栓一致性检查表

受检查方： 填表时间： 年 月 日

产品名称、型号			
检查项目	检查内容	检查结论	不合格事实描述
一、铭牌标志 产品名称、型号、厂名、产品使用说明书等		□符合 □不符合	
二、关键零部件 排放余水装置的名称、规格型号、生产厂		□符合 □不符合	
三、产品特性参数 1. 排放余水装置结构、型式 2. 阀杆表面处理工艺		□符合 □不符合	
综合结论	□ 符合认证要求	□ 不符合认证要求	

检查人员：

表 A.50 消防水泵接合器一致性检查表

受检查方： 填表时间： 年 月 日

产品名称、型号			
检查项目	检查内容	检查结论	不合格事实描述
一、铭牌标志 产品名称、型号、厂名、产品使用说明书等		□符合 □不符合	
二、关键零部件 止回功能装置的名称、规格型号、生产厂		□符合 □不符合	
三、产品特性参数 安全阀公称通径		□符合 □不符合	
综合结论	□ 符合认证要求	□ 不符合认证要求	

检查人员：

表 A.51 消防接口一致性检查表

受检查方：　　　　　　　　　　　　　　　　　　　　　填表时间：　年　月　日

产品名称、型号、材质			
检查项目	检查内容	检查结论	不合格事实描述
一、铭牌标志 产品名称、型号、厂名、产品使用说明书等		□符合 □不符合	
二、产品特性参数 1.表面防腐处理工艺 2.铸造工艺		□符合 □不符合	
综合结论	□ 符合认证要求　　□ 不符合认证要求		

检查人员：

表 A.52 洒水喷头、早期抑制快速响应(ESFR)喷头、扩大覆盖面积(EC)洒水喷头、家用喷头一致性检查表

受检查方： 填表时间： 年 月 日

产品名称、型号			
检查项目	检查内容	检查结论	不合格事实描述
一、铭牌标志 产品名称、型号、制造商、生产厂、符号、标识、警告用语等		□符合 □不符合	
二、关键元器件 1. 动作元件的名称、规格型号、生产单位 2. 密封元件的名称、规格型号、生产单位 3. 隐蔽罩(适用时)的名称、规格型号、生产单位		□符合 □不符合	
三、产品特性检查 1. 溅水盘的结构尺寸 2. 喷头体的承载间距 3. 孔口口径		□符合 □不符合	
综合结论	□ 符合认证要求	□ 不符合认证要求	

检查人员：

表 A.53 水幕喷头一致性检查表

受检查方： 填表时间： 年 月 日

产品名称、型号			
检查项目	检查内容	检查结论	不合格事实描述
一、铭牌标志 产品名称、型号、制造商、生产厂、符号、标识等		□符合 □不符合	
二、产品特性检查 1.孔口口径 2.开口缝隙的结构(适用时)		□符合 □不符合	
综合结论	□ 符合认证要求	□ 不符合认证要求	

检查人员：

表 A.54 水雾喷头一致性检查表

受检查方： 填表时间： 年 月 日

产品名称、型号			
检查项目	检查内容	检查结论	不合格事实描述
一、铭牌标志 产品名称、型号、制造商、生产厂、符号、标识、警告用语等		□符合 □不符合	
二、关键元器件 1.动作元件(适用时)的名称、规格型号、生产单位 2.密封元件(适用时)的名称、规格型号、生产单位		□符合 □不符合	
三、产品特性检查 1.孔口口径 2.溅水盘的结构尺寸(适用时) 3.喷头体的承载间距(适用时)		□符合 □不符合	
综合结论	□ 符合认证要求	□ 不符合认证要求	

检查人员：

表 A.55 湿式报警阀一致性检查表

受检查方：　　　　　　　　　　　　　　　　　　　　　　填表时间：　　年　　月　日

产品名称、型号			
检查项目	检查内容	检查结论	不合格事实描述
一、铭牌标志 产品名称、型号、额定工作压力、制造商、生产厂、符号、标识及警告语等		□符合 □不符合	
二、产品特性参数 1. 阀座座圈直径(内、外直径) 2. 延迟器进水口尺寸 3. 延迟器排水口尺寸		□符合 □不符合	
综合结论	□ 符合认证要求　　□ 不符合认证要求		

检查人员：

表 A.56 干式报警阀一致性检查表

受检查方：　　　　　　　　　　　　　　　　　　　　　　　　填表时间：　　年　　月　　日

产品名称、型号			
检查项目	检查内容	检查结论	不合格事实描述
一、铭牌标志 产品名称、型号、制造商、符号、标识、警告用语等		□符合 □不符合	
二、产品特性检查 阀座座圈直径		□符合 □不符合	
综合结论	□ 符合认证要求　　　　□ 不符合认证要求		

检查人员：

表 A.57 雨淋报警阀一致性检查表

受检查方： 填表时间： 年 月 日

产品名称、型号			
检查项目	检查内容	检查结论	不合格事实描述
一、铭牌标志 产品名称、型号、制造商、符号、标识、警告用语等		□符合 □不符合	
二、关键元器件 电磁阀规格型号、生产单位（适用时）		□符合 □不符合	
三、产品特性检查 阀座座圈直径		□符合 □不符合	
综合结论	□ 符合认证要求 □ 不符合认证要求		

检查人员：

表 A.58 预作用报警阀组一致性检查表

受检查方： 填表时间： 年 月 日

产品名称、型号			
检查项目	检查内容	检查结论	不合格事实描述
一、铭牌标志 产品名称、型号、公称工作压力、系统侧充气压力或真空度公布值、制造商、生产厂、符号、标识、警告用语等		□符合 □不符合	
二、关键元器件 电磁阀		□符合 □不符合	
三、产品特性检查 1.产品组成 2.预作用报警阀形式 3.阀座座圈直径 4.连接方式		□符合 □不符合	
综合结论	□ 符合认证要求	□ 不符合认证要求	

检查人员：

表 A.59 消防信号闸阀、消防信号蝶阀、消防信号截止阀、消防闸阀、消防蝶阀、消防球阀、消防截止阀一致性检查表

受检查方： 填表时间： 年 月 日

产品名称、型号			
检查项目	检查内容	检查结论	不合格事实描述
一、铭牌标志 产品名称、型号、制造商、符号、标识、警告用语等		□符合 □不符合	
二、关键元器件 信号输出元件的名称、规格型号、生产单位(适用时)		□符合 □不符合	
综合结论	□符合认证要求	□不符合认证要求	

检查人员：

表 A.60 消防电磁阀一致性检查表

受检查方： 填表时间： 年 月 日

产品名称、型号			
检查项目	检查内容	检查结论	不合格事实描述
一、铭牌标志 产品名称、型号、制造商、生产厂、符号、标识、警告用语等		□符合 □不符合	
二、关键元器件 电磁驱动部件的名称、规格型号、生产单位		□符合 □不符合	
三、产品特性参数 工作电压、电流参数		□符合 □不符合	
综合结论	□ 符合认证要求 □ 不符合认证要求		

检查人员：

表 A.61 压力开关一致性检查表

受检查方：　　　　　　　　　　　　　　　　　　　　　　　　填表时间：　　年　　月　　日

产品名称、型号			
检查项目	检查内容	检查结论	不合格事实描述
一、铭牌标志 产品名称、型号、额定工作压力、动作压力、制造商、生产厂、符号、标识及警告语等		□符合 □不符合	
二、关键元器件 信号输出部件的规格型号、生产单位		□符合 □不符合	
三、产品特性参数 输出触点组数/容量		□符合 □不符合	
综合结论	□ 符合认证要求　　　　□ 不符合认证要求		

检查人员：

表 A.62 水流指示器一致性检查表

受检查方： 填表时间： 年 月 日

产品名称、型号			
检查项目	检查内容	检查结论	不合格事实描述
一、铭牌标志 产品名称、型号、额定工作压力、灵敏度、制造商、生产厂、符号、标识及警告语等		□符合 □不符合	
二、关键元器件 信号输出部件的规格型号、生产单位		□符合 □不符合	
三、产品特性参数 1.浆片尺寸 2.电性能指标		□符合 □不符合	
综合结论	□ 符合认证要求	□ 不符合认证要求	

检查人员：

表 A.63 自动寻的喷水灭火装置一致性检查表

受检查方：　　　　　　　　　　　　　　　　　　　　填表时间：　　年　　月　　日

产品名称、型号			
检查项目	检查内容	检查结论	不合格事实描述
一、铭牌标志 产品名称、型号、工作压力（额定工作压力、最大工作压力、最小工作压力）、流量系数、最大保护半径、安装高度范围、制造商、生产厂、符号、标识、警告用语		□符合 □不符合	
二、关键元器件 1.电磁阀组 2.探测器件		□符合 □不符合	
三、产品特性检查 1.产品组成 2.喷射形式 3.探测器件与喷水部件组合方式 4.进水口口径 5.出水口尺寸		□符合 □不符合	
综合结论	□ 符合认证要求	□ 不符合认证要求	

检查人员：

表 A.64 微水雾滴灭火设备一致性检查表

受检查方：　　　　　　　　　　　　　　　　　　　　　　　　填表时间：　　年　　月　　日

产品名称、型号			
检查项目	检查内容	检查结论	不合格事实描述
一、铭牌标志 产品名称、型号、设备的最大工作压力、泵组的额定流量、泵组的额定工作压力、瓶组的规格型号(容积、结构、实际工作压力)、瓶组安全泄放装置的泄放动作压力、制造商、生产厂、符号、标识、警告用语等		□符合 □不符合	
二、关键元器件 1.喷头 2.分区控制阀(适用时) 3.减压装置(适用时) 4.泵组(适用时)		□符合 □不符合	
三、产品特性检查 1.设备的组成 2.工作压力等级 3.瓶组贮存压力		□符合 □不符合	
综合结论	□ 符合认证要求　　　　□ 不符合认证要求		

检查人员：

表 A.65 感温自启动灭火装置一致性检查表

受检查方：　　　　　　　　　　　　　　　　　　　　　　　　　　填表时间：　　年　　月　　日

产品名称、型号			
检查项目	检查内容	检查结论	不合格事实描述
一、铭牌标志 产品名称、型号、灭火剂充装量、贮存压力(适用时)、安全泄放装置的泄放压力、感温元件动作温度、制造商、生产厂、符号、标识、警告用语等		□符合 □不符合	
二、关键元器件 1. 容器阀 2. 探火管(适用时) 3. 玻璃球(适用时) 4. 易熔合金(适用时) 5. 喷嘴(适用时)		□符合 □不符合	
三、产品特性检查 1. 灭火装置应用方式 2. 灭火剂贮存容器容积 3. 贮存压力(适用时) 4. 灭火剂充装质量		□符合 □不符合	
综合结论	□ 符合认证要求	□ 不符合认证要求	

检查人员：

表 A.66　泡沫发生装置一致性检查表

受检查方：　　　　　　　　　　　　　　　　　　　　　　　　填表时间：　　年　　月　　日

产品名称、型号			
检查项目	检查内容	检查结论	不合格事实描述
一、铭牌标志 品名称、型号、制造商、符号、标识、警告用语等		□符合 □不符合	
二、产品特性检查 1.工作压力范围、流量系数 2.发泡量(适用时)		□符合 □不符合	
综合结论	□ 符合认证要求　　　　□ 不符合认证要求		

检查人员：

表 A.67　泡沫喷射装置一致性检查表

受检查方：　　　　　　　　　　　　　　　　　　　　　　　　　　　填表时间：　　年　　月　　日

产品名称、型号			
检查项目	检查内容	检查结论	不合格事实描述
一、铭牌标志 产品名称、型号、制造商、符号、标识、警告用语等		□符合 □不符合	
二、关键元器件 电控器的名称、规格型号、生产单位(适用时)		□符合 □不符合	
三、产品特性检查 1.工作压力范围、流量系数、射程 2.回转角、仰俯角(适用时)		□符合 □不符合	
综合结论	□ 符合认证要求　　　　　　□ 不符合认证要求		

检查人员：

表 A.68 压力式比例混合装置一致性检查表

受检查方：　　　　　　　　　　　　　　　　　　　　　填表时间：　年　月　日

产品名称、型号			
检查项目	检查内容	检查结论	不合格事实描述
一、铭牌标志 产品名称、型号、制造商、符号、标识、警告用语等		□符合 □不符合	
二、关键元器件 1. 泡沫液储罐的名称、规格型号、生产单位 2. 比例混合器规格型号、生产单位		□符合 □不符合	
三、产品特性检查 1. 工作压力范围、流量范围、混合比 2. 比例混合器公称直径 3. 孔板孔径(适用时)		□符合 □不符合	
综合结论	□ 符合认证要求	□ 不符合认证要求	

检查人员：

表 A.69 平衡式比例混合装置一致性检查表

受检查方： 填表时间： 年 月 日

产品名称、型号			
检查项目	检查内容	检查结论	不合格事实描述
一、铭牌标志 产品名称、型号、制造商、符号、标识、警告用语等		□符合 □不符合	
二、关键元器件 1.平衡阀的规格型号、生产单位 2.泡沫液泵的规格型号、生产单位 3.比例混合器的规格型号、生产单位		□符合 □不符合	
三、产品特性检查 1.工作压力范围、流量范围、混合比 2.比例混合器公称直径 3.比例混合器孔板孔径(适用时)		□符合 □不符合	
综合结论	□ 符合认证要求	□ 不符合认证要求	

检查人员：

表 A.70　管线式比例混合器一致性检查表

受检查方：　　　　　　　　　　　　　　　　　　　　　　　　填表时间：　　年　　月　日

产品名称、型号			
检查项目	检查内容	检查结论	不合格事实描述
一、铭牌标志 产品名称、型号、制造商、符号、标识、警告用语等		□符合 □不符合	
二、产品特性检查 1. 工作压力范围、流量范围、混合比 2. 比例混合器公称直径		□符合 □不符合	
综合结论	□ 符合认证要求　　　　□ 不符合认证要求		

检查人员：

表 A.71　环泵式比例混合器一致性检查表

受检查方：　　　　　　　　　　　　　　　　　　　　　　　　填表时间：　　年　　月　　日

产品名称、型号			
检查项目	检查内容	检查结论	不合格事实描述
一、铭牌标志 产品名称、型号、制造商、符号、标识、警告用语等		□符合 □不符合	
二、产品特性检查 1. 工作压力范围、流量、混合比 2. 比例混合器公称直径		□符合 □不符合	
综合结论	□ 符合认证要求		□ 不符合认证要求

检查人员：

表 A.72 泡沫消火栓箱一致性检查表

受检查方： 填表时间： 年 月 日

产品名称、型号			
检查项目	检查内容	检查结论	不合格事实描述
一、铭牌标志 产品名称、型号、制造商、符号、标识、警告用语等		□符合 □不符合	
二、关键元器件 1.泡沫喷枪的规格型号、生产单位 2.比例混合器的名称规格型号、生产单位		□符合 □不符合	
三、产品特性检查 工作压力范围、流量范围、混合比、射程、喷射时间		□符合 □不符合	
综合结论	□ 符合认证要求	□ 不符合认证要求	

检查人员：

表 A.73 泡沫消火栓一致性检查表

受检查方： 填表时间： 年 月 日

产品名称、型号			
检查项目	检查内容	检查结论	不合格事实描述
一、铭牌标志 产品名称、型号、制造商、符号、标识、警告用语等		□符合 □不符合	
二、产品特性检查 1.公称工作压力 2.进水口、出水口的公称直径		□符合 □不符合	
综合结论	□ 符合认证要求	□ 不符合认证要求	

检查人员：

表 A.74　连接软管一致性检查表

受检查方：　　　　　　　　　　　　　　　　　　　　　　　　　填表时间：　　年　　月　　日

产品名称、型号			
检查项目	检查内容	检查结论	不合格事实描述
一、铭牌标志 产品名称、型号、制造商、符号、标识、警告用语等		□符合 □不符合	
二、产品特性检查 1.产品结构 2.公称压力、公称直径		□符合 □不符合	
综合结论	□ 符合认证要求　　　　　□ 不符合认证要求		

检查人员：

表 A.75 半固定式(轻便式)泡沫灭火装置一致性检查表

受检查方： 填表时间： 年 月 日

产品名称、型号			
检查项目	检查内容	检查结论	不合格事实描述
一、铭牌标志 产品名称、型号、制造商、符号、标识、警告用语等		□符合 □不符合	
二、关键元器件 1.泡沫液储罐的规格型号、生产单位 2.比例混合器的名称规格型号、生产单位 3.泡沫产生装置的名称规格型号、生产单位		□符合 □不符合	
三、产品特性检查 工作压力范围、额定流量、混合比、射程、喷射时间		□符合 □不符合	
综合结论	□ 符合认证要求	□ 不符合认证要求	

检查人员：

表 A.76 闭式泡沫-水喷淋装置一致性检查表

受检查方： 填表时间： 年 月 日

产品名称、型号			
检查项目	检查内容	检查结论	不合格事实描述
一、铭牌标志 产品名称、型号、制造商、符号、标识、警告用语等		□符合 □不符合	
二、关键元器件 1.比例混合器的规格型号、生产单位 2.压力泄放阀的规格型号、生产单位 3.泡沫液控制阀的规格型号、生产单位 4.泡沫液储罐的名称、规格型号、生产单位		□符合 □不符合	
三、产品特性检查 1.工作压力范围、流量范围、混合比 2.比例混合器公称直径 3.孔板孔径(适用时)		□符合 □不符合	
综合结论	□ 符合认证要求	□ 不符合认证要求	

检查人员：

表 A.77 气体灭火系统灭火剂瓶组一致性检查表

受检查方：　　　　　　　　　　　　　　　　　　　　　　　　　　　填表时间：　　年　　月　　日

<table>
<tr><td>产品名称、型号</td><td colspan="3"></td></tr>
<tr><td>检查项目</td><td>检查内容</td><td>检查结论</td><td>不合格事实描述</td></tr>
<tr><td>一、铭牌标志
产品名称、规格型号、工作压力、工作温度范围、介质名称、最大充装密度(或充装压力)、充装日期、制造商、生产厂、符号、标识、警告用语等</td><td></td><td>□符合
□不符合</td><td></td></tr>
<tr><td>二、关键元器件
1.容器的类别、规格型号、生产单位
2.容器阀的规格型号、生产单位
3.检漏装置名称、规格型号、生产单位
4.容器安全泄放装置名称、规格型号、生产单位</td><td></td><td>□符合
□不符合</td><td></td></tr>
<tr><td>三、产品特性检查
1.瓶组构成
2.容器阀的结构形式
3.容器安全泄放装置的结构型式
4.工作温度范围
5.工作压力
6.充装参数(最大充装密度、充装压力)</td><td></td><td>□符合
□不符合</td><td></td></tr>
<tr><td>综合结论</td><td colspan="3">□ 符合认证要求　　　　　　　　□ 不符合认证要求</td></tr>
</table>

检查人员：

表 A.78 气体灭火系统容器阀、总控阀一致性检查表

受检查方： 填表时间： 年 月 日

产品名称、型号			
检查项目	检查内容	检查结论	不合格事实描述
一、铭牌标志 产品名称、规格型号、工作压力、工作温度范围、制造商、生产厂、符号、标识、警告用语等		□符合 □不符合	
二、关键元器件 1.密封膜片的规格、生产单位(适用时) 2.安全泄放装置的规格型号、生产单位 3.主密封件的名称、规格型号、生产单位		□符合 □不符合	
三、产品特性检查 1.阀门结构形式 2.阀门驱动方式 3.公称工作压力、公称直径、工作温度范围 4.指定试验(局部阻力损失、必要时)		□符合 □不符合	
综合结论	□ 符合认证要求	□ 不符合认证要求	

检查人员：

表 A.79 气体灭火系统选择阀一致性检查表

受检查方： 填表时间： 年 月 日

产品名称、型号			
检查项目	检查内容	检查结论	不合格事实描述
一、铭牌标志 产品名称、规格型号、工作压力、工作温度范围、介质流动方向、制造商、生产厂、符号、标识、警告用语等		□符合 □不符合	
二、关键元器件 主密封件的名称、规格型号、生产单位			
三、产品特性检查 1.选择阀的结构形式 2.阀门驱动方式 3.公称工作压力、公称直径、工作温度范围 4.指定试验(局部阻力损失、必要时)		□符合 □不符合	
综合结论	□ 符合认证要求 □ 不符合认证要求		

检查人员：

表A.80 气体灭火系统单向阀一致性检查表

受检查方： 填表时间： 年 月 日

产品名称、型号			
检查项目	检查内容	检查结论	不合格事实描述
一、铭牌标志 产品名称、规格型号、工作压力、介质流动方向、制造商、生产厂、符号、标识、警告用语等		□符合 □不符合	
二、关键元器件 主密封件的名称、规格型号、生产单位		□符合 □不符合	
三、产品特性检查 1.单向阀的结构形式 2.公称工作压力、公称直径、开启压力 3.指定试验(局部阻力损失、必要时)		□符合 □不符合	
综合结论	□ 符合认证要求	□ 不符合认证要求	

检查人员：

表 A.81 气体灭火系统喷嘴一致性检查表

受检查方： 填表时间： 年 月 日

产品名称、型号			
检查项目	检查内容	检查结论	不合格事实描述
一、铭牌标志 产品名称、规格型号、代号（或等效孔口直径）、制造商、生产厂、符号、标识、警告用语等		□符合 □不符合	
二、产品特性检查 1.喷嘴的结构形式 2.导流罩的形式（适用时） 3.喷嘴的结构尺寸（孔径、孔数等） 4.指定试验（喷嘴流量特性）		□符合 □不符合	
综合结论	□符合认证要求	□不符合认证要求	

检查人员：

表 A.82 气体灭火系统集流管/分流管一致性检查表

受检查方：　　　　　　　　　　　　　　　　　　　填表时间：　年　月　日

产品名称、型号			
检查项目	检查内容	检查结论	不合格事实描述
一、铭牌标志 产品名称、规格型号、工作压力、工作温度范围、制造商、生产厂、符号、标识、警告用语等		□符合 □不符合	
二、关键元器件 安全泄放装置的名称、规格型号、生产单位			
三、产品特性检查 1.集流管/分流管结构形式 2.公称工作压力 3.进口直径、出口直径、进出口数量 4.安全泄放装置动作压力		□符合 □不符合	
综合结论	□ 符合认证要求	□ 不符合认证要求	

检查人员：

表 A.83　气体灭火系统信号反馈装置一致性检查表

受检查方：　　　　　　　　　　　　　　　　　　　　　　　　填表时间：　　年　　月　　日

产品名称、型号			
检查项目	检查内容	检查结论	不合格事实描述
一、铭牌标志 产品名称、规格型号、工作压力、工作电压、触点容量、动作压力、制造商、生产厂、符号、标识、警告用语等		□符合 □不符合	
二、关键元器件 信号输出元件的名称、规格型号、生产单位		□符合 □不符合	
三、产品特性检查 1.公称工作压力、动作压力 2.电性能参数		□符合 □不符合	
综合结论	□ 符合认证要求　　　　　　□ 不符合认证要求		

检查人员：

表 A.84 气体灭火系统低泄高封阀一致性检查表

受检查方：　　　　　　　　　　　　　　　　　　　　　　　　填表时间：　　年　　月　　日

产品名称、型号			
检查项目	检查内容	检查结论	不合格事实描述
一、铭牌标志 产品名称、规格型号、工作压力、动作压力、制造商、生产厂、符号、标识、警告用语等		□符合 □不符合	
二、产品特性检查 公称工作压力、动作压力		□符合 □不符合	
综合结论	□ 符合认证要求　　　　　　　　□ 不符合认证要求		

检查人员：

表 A.85 气体灭火系统电磁型驱动装置一致性检查表

受检查方： 填表时间： 年 月 日

<table>
<tr><td>产品名称、型号</td><td colspan="3"></td></tr>
<tr><td>检查项目</td><td>检查内容</td><td>检查结论</td><td>不合格事实描述</td></tr>
<tr><td>一、铭牌标志
产品名称、规格型号、工作温度范围、工作电压、工作电流、驱动力、制造商、生产厂、符号、标识、警告用语等</td><td></td><td>□符合
□不符合</td><td></td></tr>
<tr><td>二、关键元器件
电磁元件的类别、规格型号、生产单位</td><td></td><td>□符合
□不符合</td><td></td></tr>
<tr><td>三、产品特性检查
1.装置的组成、结构
2.工作温度范围、工作电压、工作电流、驱动力
3.复位形式</td><td></td><td>□符合
□不符合</td><td></td></tr>
<tr><td>综合结论</td><td colspan="3">□ 符合认证要求 □ 不符合认证要求</td></tr>
</table>

检查人员：

表 A.86 气体灭火系统气动型驱动装置一致性检查表

受检查方： 填表时间： 年 月 日

产品名称、型号			
检查项目	检查内容	检查结论	不合格事实描述
一、铭牌标志 产品名称、规格型号、工作温度范围、最大工作压力、驱动力、制造商、生产厂、符号、标识、警告用语等		□符合 □不符合	
二、产品特性检查 1.装置的组成、结构 2.工作温度范围、驱动力		□符合 □不符合	
综合结论	□ 符合认证要求　　□ 不符合认证要求		

检查人员：

表 A.87 气体灭火系统电爆型驱动装置一致性检查表

受检查方：　　　　　　　　　　　　　　　　　　　　　　　　　　　填表时间：　　年　　月　　日

产品名称、型号			
检查项目	检查内容	检查结论	不合格事实描述
一、铭牌标志 产品名称、规格型号、工作温度范围、工作电压、电流、驱动力、电爆元件有效期、制造商、生产厂、符号、标识、警告用语等		□符合 □不符合	
二、关键元器件 电爆元件的类别、规格型号、生产单位		□符合 □不符合	
三、产品特性检查 1.装置的组成、结构 2.工作温度范围、工作电压、电流、驱动力 3.电爆元件数量		□符合 □不符合	
综合结论	□ 符合认证要求　　　　□ 不符合认证要求		

检查人员：

表 A.88　气体灭火系统机械型驱动装置一致性检查表

受检查方：　　　　　　　　　　　　　　　　　　　　　　　　填表时间：　年　月　日

产品名称、型号			
检查项目	检查内容	检查结论	不合格事实描述
一、铭牌标志 产品名称、规格型号、工作温度范围、驱动力、制造商、生产厂、符号、标识、警告用语等		□符合 □不符合	
二、产品特性检查 1.装置的组成、结构 2.工作温度范围、驱动力、操作行程		□符合 □不符合	
综合结论	□ 符合认证要求　　　　□ 不符合认证要求		

检查人员：

表 A.89 气体灭火系统燃气型驱动装置一致性检查表

受检查方： 填表时间： 年 月 日

产品名称、型号			
检查项目	检查内容	检查结论	不合格事实描述
一、铭牌标志 产品名称、规格型号、工作温度范围、工作电压、电流、有效期、壳体工作压力、输出压力、气体生成量、制造商、生产厂、符号、标识、警告用语等		□符合 □不符合	
二、关键元器件 产气剂的类别、规格型号、生产单位		□符合 □不符合	
三、产品特性检查 1.装置的组成、结构 2.工作温度范围、工作电压、电流、有效期、壳体工作压力、输出压力、气体生成量		□符合 □不符合	
综合结论	□ 符合认证要求	□ 不符合认证要求	

检查人员：

表 A.90　气体灭火系统电动型驱动装置一致性检查表

受检查方：　　　　　　　　　　　　　　　　　　　　　　　　填表时间：　　年　　月　日

产品名称、型号			
检查项目	检查内容	检查结论	不合格事实描述
一、铭牌标志 产品名称、规格型号、工作温度范围、工作电压、工作电流、驱动力、制造商、生产厂、符号、标识、警告用语等		□符合 □不符合	
二、关键元器件 1.电机的规格型号、生产单位 2.变速箱的规格型号、生产单位(适用时)		□符合 □不符合	
三、产品特性检查 1.装置的组成、结构 2.工作温度范围、工作电压、工作电流、驱动力		□符合 □不符合	
综合结论	□ 符合认证要求　　□ 不符合认证要求		

检查人员：

表 A.91 气体灭火系统(低压 CO_2)超压泄放阀一致性检查表

受检查方： 填表时间： 年 月 日

产品名称、型号			
检查项目	检查内容	检查结论	不合格事实描述
一、铭牌标志 产品名称、规格型号、动作压力(开启压力、回座压力)、制造商、生产厂、符号、标识、警告用语等		□符合 □不符合	
二、产品特性检查 1.动作压力(开启压力、回座压力) 2.结构形式		□符合 □不符合	
综合结论	□ 符合认证要求	□ 不符合认证要求	

检查人员：

表 A.92 气体灭火系统(低压 CO_2)压力控制装置一致性检查表

受检查方： 填表时间： 年 月 日

产品名称、型号			
检查项目	检查内容	检查结论	不合格事实描述
一、铭牌标志 产品名称、规格型号、量程及精度(适用时)、制造商、生产厂、符号、标识、警告用语等		□符合 □不符合	
二、产品特性检查 1. 压力控制装置的结构形式 2. 公称工作压力、动作压力 3. 量程及精度(适用时) 4. 电性能参数		□符合 □不符合	
综合结论	□ 符合认证要求 □ 不符合认证要求		

检查人员：

表 A.93 气体灭火系统(低压 CO_2)灭火剂贮存装置一致性检查表

受检查方： 填表时间： 年 月 日

产品名称、型号			
检查项目	检查内容	检查结论	不合格事实描述
一、铭牌标志 产品名称、规格型号、装量系数、工作温度范围、容积、制造商、生产厂、符号、标识、警告用语等		□符合 □不符合	
二、关键元器件 1.容器的类别、规格型号、生产单位 2.制冷系统的规格型号、生产单位 3.保温材料种类、规格型号、生产单位 4.灭火剂量显示装置名称、规格型号、生产单位		□符合 □不符合	
三、产品特性检查 1.装置的组成、结构形式 2.保温绝热形式 3.公称工作压力、容积、装量系数 4.制冷机数量 5.超压泄放阀数量		□符合 □不符合	
综合结论	□ 符合认证要求 □ 不符合认证要求		

检查人员：

表 A.94 悬挂式气体灭火装置一致性检查表

受检查方： 填表时间： 年 月 日

产品名称、型号			
检查项目	检查内容	检查结论	不合格事实描述
一、铭牌标志 产品名称、规格型号、工作温度范围、充装介质名称、贮存压力、灭火剂最大充装密度、装置使用有效期、装置应用方式、制造商、生产厂、符号、标识、警告用语等		□符合 □不符合	
二、关键元器件 1.容器的规格型号、生产单位 2.容器阀的规格型号、生产单位(适用时) 3.感温释放组件的规格型号、生产单位(适用时) 4.喷嘴的规格型号、生产单位(适用时) 5.驱动器的类型、规格型号、生产单位(适用时) 6.检漏装置的规格型号、生产单位 7.信号反馈装置的规格型号、生产单位 8.安全泄放装置的规格型号、生产单位		□符合 □不符合	
三、产品特性检查 1.装置的组成、结构形式 2.装置启动方式 3.装置的容积、贮存压力、工作温度范围、灭火剂充装密度、工作电压(适用时)等		□符合 □不符合	
综合结论	□ 符合认证要求	□ 不符合认证要求	

检查人员：

表 A.95 消防应急灯具一致性检查表

受检查方：　　　　　　　　　　　　　　　　　　　　　　　　填表时间：　　年　　月　　日

产品名称、型号			
检查项目	检查内容	检查结论	不合格事实描述
一、铭牌标志 产品名称、型号、执行标准号、生产厂名称、厂址、商标、制造日期及产品编号、主要技术参数(外壳防护等级、额定电源电压、额定工作频率、应急工作时间、应急输出光通量、使用光源名称和参数、主电功耗)、适宜于直接安装在普通可燃材料表面的标记、说明书等		□符合 □不符合	
二、关键元器件 1.电池的类型、节数、单节电池型号、容量、生产厂名称 2.光源的类型、额定工作电压、功率、生产厂名称		□符合 □不符合	
三、产品特性检查 1.外形结构、尺寸 2.电路设计 3.外壳材质 4.应急控制方式、应急供电方式、工作方式、安装方式		□符合 □不符合	
四、主要生产工艺		□符合 □不符合	
综合结论	□ 符合认证要求　　　　□ 不符合认证要求		

检查人员：

表 A.96 应急照明控制器一致性检查表

受检查方：　　　　　　　　　　　　　　　　　　　　　　　　填表时间：　　年　　月　　日

产品名称、型号			
检查项目	检查内容	检查结论	不合格事实描述
一、铭牌标志 产品名称、型号、执行标准号、生产厂名称、厂址、商标、制造日期及产品编号、主要技术参数(外壳防护等级、额定电源电压、额定工作频率、主电功耗)、说明书等		□符合 □不符合	
二、关键元器件 1. 电池的类型、节数、单节电池型号、容量、生产厂名称 2. 光源的类型、额定工作电压、功率、生产厂名称		□符合 □不符合	
三、产品特性检查 1. 外形结构、尺寸 2. 外壳材质 3. 显示器件类别 4. 电路设计 5. 容量		□符合 □不符合	
四、主要生产工艺		□符合 □不符合	
综合结论	□ 符合认证要求　　　　　　　　□ 不符合认证要求		

检查人员：

表 A.97 消防应急灯具专用应急电源一致性检查表

受检查方： 填表时间： 年 月 日

产品名称、型号			
检查项目	检查内容	检查结论	不合格事实描述
一、铭牌标志 产品名称、型号、执行标准号、生产厂名称、厂址、商标、制造日期及产品编号、主要技术参数（外壳防护等级、额定电源电压、额定工作频率、输出参数、主电功耗）、说明书等		□符合 □不符合	
二、关键元器件 1. 电池的类型、节数、单节电池型号、容量、生产厂名称 2. 变压器的型号和生产厂名称 3. 逆变器的型号和生产厂名称		□符合 □不符合	
三、产品特性检查 1. 外形结构、尺寸 2. 外壳材质 3. 显示器件类别 4. 电路设计 5. 标称应急工作时间		□符合 □不符合	
四、主要生产工艺		□符合 □不符合	
综合结论	□ 符合认证要求	□ 不符合认证要求	

检查人员：

表 A.98 防火门一致性检查表

受检查方：　　　　　　　　　　　　　　　　　　　　　　　　填表时间：　　年　　月　日

<table>
<tr><td>产品名称、型号</td><td colspan="3"></td></tr>
<tr><td>检查项目</td><td>检查内容</td><td>检查结论</td><td>不合格事实描述</td></tr>
<tr><td>一、铭牌标志
产品名称、型号、制造商、生产厂、符号、标识、警告用语、说明书等</td><td></td><td>□符合
□不符合</td><td></td></tr>
<tr><td>二、关键原材料
1.门扇内填充材料种类、规格型号、生产单位
2.门框和门扇面板材料
3.防火玻璃规格型号
4.防火密封件规格型号</td><td></td><td>□符合
□不符合</td><td></td></tr>
<tr><td>三、产品结构及特性参数
1.外形尺寸
2.门扇结构
3.门框结构
4.双扇门中缝连接方式
5.玻璃透光尺寸
6.门扇厚度
7.门框侧壁宽度
8.防火密封件设置</td><td></td><td>□符合
□不符合</td><td></td></tr>
<tr><td>综合结论</td><td colspan="3">□ 符合认证要求　　　　　　　　　□ 不符合认证要求</td></tr>
</table>

检查人员：

表 A.99 防火窗一致性检查表

受检查方：　　　　　　　　　　　　　　　　　　　　　　　　　填表时间：　　年　　月　　日

产品名称、型号			
检查项目	检查内容	检查结论	不合格事实描述
一、铭牌标志 产品名称、型号、制造商、生产厂、符号、标识、警告用语、说明书等		□符合 □不符合	
二、关键原材料 防火玻璃的种类、规格型号、生产单位		□符合 □不符合	
三、产品特性参数		□符合 □不符合	
综合结论	□ 符合认证要求		□ 不符合认证要求

检查人员：

表 A.100 饰面型防火涂料一致性检查表

受检查方：　　　　　　　　　　　　　　　　　　　　　　填表时间：　　年　　月　　日

产品名称、型号			
检查项目	检查内容	检查结论	不合格事实描述
一、铭牌标志 产品名称、型号、制造商、生产厂、符号、标识、警告用语、说明书等		□符合 □不符合	
二、关键原材料 1.成膜剂(黏接剂) 2.阻燃剂 3.膨胀剂 4.成碳剂		□符合 □不符合	
三、产品特性参数 1.颜色 2.在容器中的状态 3.细度		□符合 □不符合	
四、生产工艺 生产工艺流程		□符合 □不符合	
综合结论	□ 符合认证要求	□ 不符合认证要求	

检查人员：

表 A.101 钢结构防火涂料一致性检查表

受检查方：　　　　　　　　　　　　　　　　　　　　　　填表时间：　　年　　月　日

产品名称、型号			
检查项目	检查内容	检查结论	不合格事实描述
一、铭牌标志 产品名称、型号、制造商、生产厂、符号、标识、警告用语、说明书等		□符合 □不符合	
二、关键原材料 1.成膜剂 2.阻燃剂 3.膨胀剂 4.成碳剂 5.黏接剂 6.增强剂		□符合 □不符合	
三、产品特性参数 1.外观与颜色 2.在容器中的状态		□符合 □不符合	
四、生产工艺 生产工艺流程		□符合 □不符合	
综合结论	□ 符合认证要求	□ 不符合认证要求	

检查人员：

表 A.102 电缆防火涂料一致性检查表

受检查方： 填表时间： 年 月 日

产品名称、型号			
检查项目	检查内容	检查结论	不合格事实描述
一、铭牌标志 产品名称、型号、制造商、生产厂、符号、标识、警告用语、说明书等		□符合 □不符合	
二、关键原材料 1.成膜剂 2.阻燃剂 3.膨胀剂 4.成碳剂		□符合 □不符合	
三、产品特性参数 1.外观 2.颜色		□符合 □不符合	
四、生产工艺 生产工艺流程		□符合 □不符合	
综合结论	□ 符合认证要求	□ 不符合认证要求	

检查人员：

表 A.103　柔性有机堵料一致性检查表

受检查方：　　　　　　　　　　　　　　　　　　　　　　　　填表时间：　　年　　月　　日

产品名称、型号			
检查项目	检查内容	检查结论	不合格事实描述
一、铭牌标志 产品名称、型号、制造商、生产厂、符号、标识、警告用语、说明书等		□符合 □不符合	
二、关键原材料 1.黏接剂 2.阻燃剂 3.填充料		□符合 □不符合	
三、产品特性参数 1.外观 2.颜色		□符合 □不符合	
四、生产工艺 生产工艺流程		□符合 □不符合	
综合结论	□ 符合认证要求　　　　□ 不符合认证要求		

检查人员：

表 A.104 无机堵料一致性检查表

受检查方： 填表时间： 年 月 日

产品名称、型号			
检查项目	检查内容	检查结论	不合格事实描述
一、铭牌标志 产品名称、型号、制造商、生产厂、符号、标识、警告用语、说明书等		□符合 □不符合	
二、关键原材料 1.胶凝材料 2.骨料材料		□符合 □不符合	
三、产品特性参数 1.外观 2.颜色		□符合 □不符合	
四、生产工艺 生产工艺流程		□符合 □不符合	
综合结论	□ 符合认证要求	□ 不符合认证要求	

检查人员：

表 A.105 阻火包一致性检查表

受检查方：　　　　　　　　　　　　　　　　　　　　　　　　　　　　填表时间：　　年　　月　　日

产品名称、型号			
检查项目	检查内容	检查结论	不合格事实描述
一、铭牌标志 产品名称、型号、制造商、生产厂、符号、标识、警告用语、说明书等		□符合 □不符合	
二、关键原材料 1.耐火原材料 2.防水包装材料 3.纤维布材料		□符合 □不符合	
三、产品特性参数 1.外观 2.颜色		□符合 □不符合	
四、生产工艺 生产工艺流程		□符合 □不符合	
综合结论	□ 符合认证要求	□ 不符合认证要求	

检查人员：

表 A.106　阻火模块一致性检查表

受检查方：　　　　　　　　　　　　　　　　　　　　填表时间：　　年　　月　　日

产品名称、型号			
检查项目	检查内容	检查结论	不合格事实描述
一、铭牌标志 产品名称、型号、制造商、生产厂、符号、标识、警告用语、说明书等		□符合 □不符合	
二、关键原材料 1. 预聚物 2. 阻燃剂 3. 催化剂 4. 颜料		□符合 □不符合	
三、产品特性参数 1. 外观 2. 颜色		□符合 □不符合	
四、生产工艺 生产工艺流程		□符合 □不符合	
综合结论	□ 符合认证要求	□ 不符合认证要求	

检查人员：

表 A.107 防火封堵板材一致性检查表

受检查方：　　　　　　　　　　　　　　　　　　　　　　　　　　　　　　填表时间：　　年　　月　　日

产品名称、型号			
检查项目	检查内容	检查结论	不合格事实描述
一、铭牌标志 产品名称、型号、制造商、生产厂、符号、标识、警告用语、说明书等		□符合 □不符合	
二、关键原材料 1.主体材料 2.辅助材料 3.助剂		□符合 □不符合	
三、产品特性参数 1.外观 2.颜色		□符合 □不符合	
四、生产工艺 生产工艺流程		□符合 □不符合	
综合结论	□ 符合认证要求　　□ 不符合认证要求		

检查人员：

表 A.108 泡沫封堵材料一致性检查表

受检查方： 填表时间： 年 月 日

产品名称、型号			
检查项目	检查内容	检查结论	不合格事实描述
一、铭牌标志 产品名称、型号、制造商、生产厂、符号、标识、警告用语、说明书等		□符合 □不符合	
二、关键原材料 1.预聚物 2.颜料 3.阻燃剂 4.催化剂 5.稳定剂		□符合 □不符合	
三、产品特性参数 1.外观 2.颜色		□符合 □不符合	
四、生产工艺 生产工艺流程		□符合 □不符合	
综合结论	□ 符合认证要求	□ 不符合认证要求	

检查人员：

表 A.109　防火密封胶一致性检查表

受检查方：　　　　　　　　　　　　　　　　　　　　　　　　　填表时间：　　年　　月　日

产品名称、型号			
检查项目	检查内容	检查结论	不合格事实描述
一、铭牌标志 产品名称、型号、制造商、生产厂、符号、标识、警告用语、说明书等		□符合 □不符合	
二、关键原材料 1.基材 2.阻燃剂 3.颜料 4.助剂		□符合 □不符合	
三、产品特性参数 1.外观 2.颜色		□符合 □不符合	
四、生产工艺 生产工艺流程		□符合 □不符合	
综合结论	□ 符合认证要求　　　　　　□ 不符合认证要求		

检查人员：

表 A.110　缝隙封堵材料一致性检查表

受检查方：　　　　　　　　　　　　　　　　　　　　　　　　填表时间：　　年　　月　　日

产品名称、型号			
检查项目	检查内容	检查结论	不合格事实描述
一、铭牌标志 产品名称、型号、制造商、生产厂、符号、标识、警告用语、说明书等		□符合 □不符合	
二、关键原材料 1. 基材 2. 阻燃剂 3. 颜料 4. 助剂		□符合 □不符合	
三、产品特性参数 1. 外观 2. 颜色		□符合 □不符合	
四、生产工艺 生产工艺流程		□符合 □不符合	
综合结论	□ 符合认证要求	□ 不符合认证要求	

检查人员：

表 A.111 阻火包带一致性检查表

受检查方： 填表时间： 年 月 日

产品名称、型号			
检查项目	检查内容	检查结论	不合格事实描述
一、铭牌标志 产品名称、型号、制造商、生产厂、符号、标识、警告用语、说明书等		□符合 □不符合	
二、关键原材料 1.主体材料 2.阻燃剂 3.助剂		□符合 □不符合	
三、产品特性参数 1.外观 2.颜色		□符合 □不符合	
四、生产工艺 生产工艺流程		□符合 □不符合	
综合结论	□ 符合认证要求	□ 不符合认证要求	

检查人员：

附 录 B
（规范性附录）
消防产品一致性控制检查记录

B.1 要求

B.1.1 消防产品一致性控制检查记录应由具有规定专业资质的检查人员填写。记录填写应使用黑色钢笔或碳素笔，记录内容应完整，字迹清晰规范，不适用的检查项目在检查记录表中以斜杠划掉。

B.1.2 制造商、工厂不同时，应同时填写制造商和工厂的名称并注明。

B.2 一致性控制检查记录表

消防产品一致性控制检查记录表见表 B.1。

表 B.1 消防产品一致性控制检查记录表

受检查方：　　　　　　　　　　　　　　　　检查时间：　年　月　日

检查内容	控制要求	检查结论
1.一致性控制文件	工厂应建立并保持认证产品一致性控制文件，一致性控制文件至少应包括： 1）针对具体认证产品型号的设计要求、产品结构描述、物料清单(应包含所使用的关键元器件的型号、主要参数及供应商)等技术文件； 2）针对具体认证产品的生产工序工艺、生产配料单等生产控制文件； 3）针对认证产品的检验(包括进货检验、生产过程检验、成品例行检验及确认检验)要求、方法及相关资源条件配备等质量控制文件； 4）针对获证后产品的变更(包括标准、工艺、关键件等变更)控制、标志使用管理等程序文件	□符合 □不符合
	产品设计标准或规范应是一致性控制文件的其中一个内容，其要求应不低于有关该产品的认证实施规则中规定的标准要求	□符合 □不符合
2.关键件和材料的检验/验证控制	1）工厂应建立并保持对供应商提供的关键元器件和材料的检验或验证的程序，以确保关键件和材料满足认证所规定的要求； 2）关键件和材料的检验可由工厂进行，也可以由供应商完成。当由供应商检验时，工厂应对供应商提出明确的检验要求； 3）工厂应保存关键件和材料检验或验证记录、供应商提供的合格证明及有关检验数据等	□符合 □不符合
3.批量产品的一致性控制	工厂应采取相应的措施，确保批量生产的认证产品至少在以下方面与认证发证检验合格样品保持一致： 1）认证产品的铭牌标志、说明书和包装上所标明的产品名称、规格和型号； 2）认证产品的适用范围及主要技术参数； 3）主要原材料的规格型号、等级及生产商； 4）配方及生产工艺	□符合 □不符合

表 B.1（续）

检查内容	控制要求	检查结论
4.例行检验和确认检验控制	1）工厂应制定并保持文件化的例行检验和确认检验程序，以验证产品满足规定的要求。检验程序中应包括检验项目、内容、方法、判定准则等。应保存检验记录	□符合 □不符合
	2）例行检验是在生产的最终阶段对生产线上的产品进行的100%检验，通常检验后，除包装和加贴标签外，不再进一步加工。例行检验允许采用经验证的等效快速的在线检验方法进行。例行检验项目应符合消防产品强制性认证实施规则相关文件要求，技术指标应不低于相应认证规则规定标准的要求	□符合 □不符合
	3）确认检验是为验证产品持续符合标准（产品认证实施规则中规定的标准）要求进行的抽样检验。确认检验项目符合消防产品强制性认证实施规则相关文件要求，技术指标应不低于相应认证规则规定标准的要求	□符合 □不符合
5.获证产品的变更控制	工厂应建立文件化的变更控制程序，确保认证产品的设计、采用的关键件和材料以及生产工序工艺、检验条件等因素的变更得到有效控制。获证产品涉及如下的变更，工厂在实施前应向认证机构申报，获得批准后方可执行： 1）产品设计（原理、结构等）的变更； 2）产品采用的关键件和关键材料的变更（型号、供应商、数量等）； 3）关键工序、工序及其生产设备的变更； 4）例行检验和确认检验条件和方法变更； 5）生产场所搬迁、生产质量体系换版等变更； 6）其他可能影响与相关标准的符合性或型式检验样机的一致性的变更	□符合 □不符合
6.铭牌及标志管理	获得产品认证的消防产品，其铭牌标志、包装和说明书等应符合国家法律法规、标准等的要求	□符合 □不符合

ICS 13.220.01
C 80

中华人民共和国消防救援行业标准

XF/T 1465—2018

消防产品市场准入信息管理

Market access information management for fire products

2018-02-11 发布 2018-05-01 实施

中华人民共和国应急管理部 公布

前　言

根据公安部、应急管理部联合公告(2020年5月28日)和应急管理部2020年第5号公告(2020年8月25日),本标准归口管理自2020年5月28日起由公安部调整为应急管理部,标准编号自2020年8月25日起由GA/T 1465—2018调整为XF/T 1465—2018,标准内容保持不变。

本标准按照GB/T 1.1—2009给出的规则起草。

本标准由公安部消防局提出。

本标准由全国消防标准化技术委员会(SAC/TC 113)归口。

本标准负责起草单位:公安部消防产品合格评定中心。

本标准参加起草单位:公安部消防局。

本标准主要起草人:刘程、余威、胡锐、陆曦、谭远林、乔东恒、付林、邢岩。

本标准为首次颁布。

消防产品市场准入信息管理

1 范围

本标准规定了消防产品市场准入信息的范围、术语和定义、分类、内容、建立、审核发布、查询与判定、维护与更新的有关要求。

本标准适用于纳入强制性产品认证目录和经技术鉴定的消防产品的市场准入信息管理,有关国家法律法规或标准另行规定的产品除外。

2 规范性引用文件

下列文件对于本文件的应用是必不可少的。凡是注日期的引用文件,仅注日期的版本适用于本文件。凡是不注日期的引用文件,其最新版本(包括所有的修改单)适用于本文件。

GB/T 5907.5 消防词汇 第5部分:消防产品

3 术语和定义

GB/T 5907.5界定的以及下列术语和定义适用于本文件。

3.1

消防产品市场准入信息 market access information of fire product

按国家规定的产品市场准入制度,经国务院公安部门消防机构批准,由消防产品信息公布机构向社会发布的用于证明消防产品是否符合市场准入要求的信息。

4 信息的分类

消防产品市场准入信息分为:

a) 强制性产品认证信息;

b) 技术鉴定产品信息。

5 信息的内容

5.1 强制性认证产品信息

5.1.1 强制性认证产品信息发布内容

纳入强制性认证产品目录的消防产品(目录见附录A)经强制性认证合格并获得强制性产品认证证书后,消防产品信息公布机构根据产品强制性认证结果、证书保持情况及认证变更情况应予发布的信息 内容包括:

a) 强制性产品认证证书的全部内容和证书状态;

b) 产品检验报告的全部内容。

5.1.2 强制性产品认证证书

消防产品的强制性产品认证证书(样式见附录B)的信息发布内容应包括:

——证书名称；
——证书编号；
——产品认证委托人的名称和地址；
——产品生产者的名称和地址；
——产品生产企业的名称和地址；
——产品名称；
——产品认证单元；
——认证单元的涵盖范围；
——产品认证所依据的认证实施规则及实施细则(适用时)；
——产品认证基本模式；
——产品认证所依据的标准；
——产品符合认证要求的描述；
——证书的首次发证日期；
——证书的发(换)证日期；
——证书的有效期限；
——证书有效性保持的条件；
——证书信息的查询网站；
——产品认证机构的名称(含公章)、地址、邮编和网站域名；
——其他需要标注的内容。

5.1.3 强制性产品认证检验报告

消防产品的强制性产品认证检验根据认证类别分为型式试验、分型试验、监督检验、变更确认检验，检验报告(样式见附录 C)的信息发布内容应包括：

——报告名称；
——报告编号；
——检验机构名称(含公章)；
——认证委托人名称及联系方式；
——产品名称及型号；
——检验类别；
——生产者；
——生产企业；
——生产日期；
——抽样者；
——抽样基数；
——抽样地点；
——样品数量；
——抽样日期；
——样品状态；
——检验受理日期；
——检验依据；
——检验项目；
——检验结论；
——报告编制人；

——报告审核人；
——报告批准人；
——报告签发日期；
——产品照片；
——产品铭牌内容；
——产品特性描述；
——产品关键件(或原材料)描述；
——产品一致性检查结论；
——产品检验项目结果汇总；
——部分检验项目内容描述(适用时)；
——产品技术文件(适用时)。

5.2 技术鉴定产品信息

5.2.1 技术鉴定产品信息发布内容

消防产品经技术鉴定合格并获得技术鉴定证书后，消防产品信息公布机构根据产品技术鉴定结果、证书保持情况及技术鉴定变更情况应予发布的信息内容有：

a) 产品技术鉴定证书的全部内容及证书状态信息；
b) 产品检验报告的全部内容。

5.2.2 技术鉴定证书

消防产品技术鉴定证书(样式见附录 D)内容应包括：

——证书名称；
——证书编号；
——产品认证委托方的名称、地址和邮编；
——产品生产者(制造商)的名称、地址和邮编；
——产品生产厂的名称、地址和邮编；
——产品名称；
——产品系列、规格、型号；
——技术鉴定依据；
——技术鉴定模式(适用时)；
——证书的发证日期；
——证书的有效期限；
——产品符合技术鉴定要求的描述；
——证书有效性保持的条件；
——证书信息的查询网站；
——产品认证机构的名称(含公章)、地址、邮编和网站域名；
——其他需要标注的内容。

5.2.3 技术鉴定检验报告

消防产品的技术鉴定检验根据技术鉴定类别及检验特性分为型式试验、监督检验，检验报告(样式见附录 C)内容应至少包括：

——报告名称；

——报告编号；
——检验机构名称(含公章)；
——检验委托方名称；
——产品名称及型号规格；
——检验类别；
——产品生产单位名称；
——抽样单位(或人)；
——抽样基数；
——抽样地点；
——样品数量；
——抽样日期；
——检验日期；
——检验依据；
——检验项目；
——检验结论；
——报告编制人；
——报告审核人；
——报告批准人；
——报告签发日期；
——样品照片；
——产品铭牌内容；
——产品特性描述；
——产品关键件(或原材料)描述；
——产品一致性检查结论；
——产品检验项目结果汇总；
——部分检验项目内容描述(适用时)；
——产品技术文件(适用时)。

6 信息的建立

6.1 消防产品认证机构应按照5.1的规定及产品认证结果建立强制性认证产品信息，对信息审核通过后将信息报送消防产品信息公布机构。

6.2 消防产品技术鉴定机构应按照5.2的规定及产品技术鉴定结果建立技术鉴定产品信息，对信息进行审核并通过后将信息报送消防产品信息公布机构。

6.3 消防产品信息公布机构对认证机构转来的强制性认证产品信息和技术鉴定机构转来的技术鉴定产品信息进行汇总，并对信息的符合性进行审核。

7 信息的审核发布

7.1 消防产品信息公布机构对经审核符合要求的强制性认证产品信息和技术鉴定产品信息报送国务院公安部门消防机构批准，对经审核不符合要求的信息退回建立信息的强制性产品认证机构或技术鉴定机构。

7.2 国务院公安部门消防机构对消防产品信息公布机构报送的强制性认证产品信息和技术鉴定产品

信息进行审批，对经批准同意发布的消防产品市场准入信息，消防产品信息公布机构应在规定时限内通过消防产品市场准入信息公布指定网站“中国消防产品信息网(互联网域名：www.cccf.com.cn)”上向社会公布信息的全部内容。

7.3　对国务院公安部门消防机构审批不予公布的信息，消防产品信息公布机构不应公布有关信息，并按照审批意见开展相关工作。

8　信息的查询与判定

8.1　信息查询

强制性认证产品信息和技术鉴定产品信息应从中国消防产品信息网获取。

8.2　强制性认证信息和技术鉴定信息的判定

8.2.1　待查验产品的信息与相应公布的证书及检验报告信息经比对全部一致且证书状态为有效时，应判定为该产品满足市场准入要求。

8.2.2　查询比对结果存在下列情况之一的，应判定为相应产品不满足市场准入要求：

a)　产品信息未公布；

b)　产品信息与公布的证书或检验报告信息不一致；

c)　产品证书的状态为暂停、注销或撤销；

d)　发生8.2.3规定的情况除外。

8.2.3　查询比对结果存在下列情况的，不应判定为产品不满足市场准入要求：

a)　消防产品经强制性认证或技术鉴定合格并获得证书后，其市场准入信息因处于上报、审批、发布过程而导致暂时未予发布；

b)　消防产品获得强制性认证证书后，其认证委托人、生产者、生产企业及产品设计发生变更并经认证机构批准后，其变更后的市场准入信息因处于上报、审批、发布过程而导致暂时未予更新发布；

c)　消防产品获得技术鉴定证书后，其技术鉴定委托方、制造商、生产厂及产品设计发生变更并经技术鉴定机构批准后，其变更后的市场准入信息因处于上报、审批、发布过程而导致暂时未予更新发布；

d)　处于暂停状态的消防产品强制性认证证书或技术鉴定证书，在持证的委托人或委托方提交证书状态恢复申请并经认证机构批准后，其恢复有效的证书状态因处于上报、审批、发布过程而导致暂时未予更新发布。

8.3　信息查询、判定有关事宜的解释

消防产品市场准入信息管理的使用方在信息查验、判定工作中遇到的有关问题由消防产品信息公布机构负责解释。

9　信息的维护与更新

9.1　消防产品信息公布机构负责消防产品市场准入信息管理的日常维护和更新工作。

9.2　消防产品信息公布机构应设专门的部门和人员，并建立相应的工作机制以保证消防产品市场准入信息管理发布工作的正常执行，以及中国消防产品信息网的正常运行，同时还应公开联系方式以满足消防产品市场准入信息管理使用方在信息查验、判定工作中的咨询、指导等需求。

9.3　消防产品信息公布机构应根据需要定期更新中国消防产品信息网的硬件及软件配置，以保证指定网站的正常运行，并与用户终端兼容。

附 录 A
（规范性附录）
强制性认证消防产品目录

纳入强制性认证产品目录的消防产品见表A.1。

A.1 强制性认证消防产品目录

产品大类	产品类别	产品分类	产品标准
1.火灾报警产品	火灾探测报警产品	火灾报警控制器	GB 4717—2005
		点型感烟火灾探测器	GB 4715—2005
		点型感温火灾探测器	GB 4716—2005
		消防联动控制系统设备	GB 16806—2006
		手动火灾报警按钮	GB 19880—2005
		独立式感烟火灾探测报警器	GB 20517—2006
		可燃气体报警控制器	GB 16808—2008
		测量范围为0～100%LEL的点型可燃气体探测器	GB 15322.1—2003
		测量范围为0～100%LEL的独立式可燃气体探测器	GB 15322.2—2003
		测量范围为0～100%LEL的便携式可燃气体探测器	GB 15322.3—2003
		测量人工煤气的点型可燃气体探测器	GB 15322.4—2003
		测量人工煤气的独立式可燃气体探测器	GB 15322.5—2003
		测量人工煤气的便携式可燃气体探测器	GB 15322.6—2003
		特种火灾探测器	GB 15631—2008
		点型紫外火焰探测器	GB 12791—2006
		线型光束感烟火灾探测器	GB 14003—2005
		电气火灾监控设备	GB 14287.1—2014
		剩余电流式电气火灾监控探测器	GB 14287.2—2014
		测温式电气火灾监控探测器	GB 14287.3—2014
		火灾显示盘	GB 17429—2011
		火灾声和/或光警报器	GB 26851—2011
		防火卷帘控制器	XF 386—2002
		线型感温火灾探测器	GB 16280—2014
		家用火灾报警产品	GB 22370—2008
		用户信息传输装置	GB 26875.1—2011

表 A.1（续）

产品大类	产品类别	产品分类	产品标准
1.火灾报警产品		消防应急照明和疏散指示系统产品	GB 17945—2010
	消防应急照明和疏散指示产品	消防安全标志	XF 480.1—2004
			XF 480.2—2004
			XF 480.3—2004
			XF 480.4—2004
			XF 480.5—2004
			XF 480.6—2004
	消防通信产品	火警受理设备	GB 16281—2010
		消防车辆动态终端机	XF 545.1—2005
		消防车辆动态管理中心收发装置	XF 545.2—2005
2.火灾防护产品	建筑耐火构件	防火窗	GB 16809—2008
		防火门	GB 12955—2008
		防火门闭门器	XF 93—2004
		防火玻璃	GB 15763.1—2009
		防火玻璃非承重隔墙	XF 97—1995
		防火卷帘	GB 14102—2005
		防火卷帘用卷门机	XF 603—2006
	消防防烟排烟设备产品	消防排烟风机	XF 211—2009
		挡烟垂壁	XF 533—2012
		防火排烟阀门	GB 15930—2007
	防火材料产品	钢结构防火涂料	GB 14907—2002
		饰面型防火涂料	GB 12441—2005
		电缆防火涂料	GB 28374—2012
		防火封堵材料	GB 23864—2009
		混凝土结构防火涂料	GB 28375—2012
		防火膨胀密封件	GB 16807—2009
		塑料管道阻火圈	XF 304—2012
3.灭火设备产品	灭火剂产品	泡沫灭火剂	GB 15308—2006
		水系灭火剂	GB 17835—2008
		BC 干粉灭火剂	GB 4066.1—2004
		ABC 干粉灭火剂	GB 4066.2—2004
		超细干粉灭火剂	XF 578—2005
		二氧化碳灭火剂	GB 4396—2005
		七氟丙烷灭火剂	GB 18614—2012

表 A.1（续）

产品大类	产品类别	产品分类	产品标准
3.灭火设备产品	灭火剂产品	惰性气体灭火剂	GB 20128—2006
		六氟丙烷灭火剂	GB 25971—2010
		A类泡沫灭火剂	GB 27897—2011
	消防水带产品	有衬里消防水带	GB 6246—2011
		消防湿水带	
		消防软管卷盘	GB 15090—2005
		消防吸水胶管	GB 6969—2005
	灭火器产品	手提式灭火器	GB 4351.1—2005 GB 4351.2—2005
		推车式灭火器	GB 8109—2005
		简易式灭火器	XF 86—2009
	喷水灭火设备	洒水喷头	GB 5135.1—2003
		湿式报警阀	GB 5135.2—2003
		水流指示器	GB 5135.7—2003
		压力开关	GB 5135.10—2006
		家用喷头	GB 5135.15—2008
		扩大覆盖面积洒水喷头	GB 5135.12—2006
		早期抑制快速反应(ESFR)喷头	GB 5135.9—2006
		水幕喷头	GB 5135.13—2006
		水雾喷头	GB 5135.3—2003
		加速器	GB 5135.8—2003
		干式报警阀	GB 5135.4—2003
		雨淋报警阀	GB 5135.5—2003
		消防通用阀门	GB 5135.6—2003
		自动灭火系统用玻璃球	GB 18428—2010
		预作用装置	GB 5135.14—2011
		减压阀	GB 5135.17—2011
		末端试水装置	GB 5135.21—2011
		沟槽式管接件	GB 5135.11—2006
		消防洒水软管	GB 5135.16—2010
		消防用易熔合金元件	XF 863—2010
		自动跟踪定位射流灭火系统	GB 25204—2010
		细水雾灭火装置	XF 1149—2014

表 A.1（续）

<table>
<tr><th>产品大类</th><th>产品类别</th><th>产品分类</th><th>产品标准</th></tr>
<tr><td rowspan="36">3.灭火设备产品</td><td rowspan="3">泡沫灭火设备</td><td>泡沫灭火设备产品</td><td>GB 20031—2005</td></tr>
<tr><td>厨房设备灭火装置</td><td>XF 498—2012</td></tr>
<tr><td>泡沫喷雾灭火装置</td><td>XF 834—2009</td></tr>
<tr><td rowspan="8">气体灭火设备</td><td>高压二氧化碳灭火设备</td><td>GB 16669—2010</td></tr>
<tr><td>低压二氧化碳灭火设备</td><td>GB 19572—2013</td></tr>
<tr><td>卤代烷烃灭火设备</td><td rowspan="2">GB 25972—2010</td></tr>
<tr><td>惰性气体灭火设备</td></tr>
<tr><td>油浸变压器排油注氮灭火装置</td><td>XF 835—2009</td></tr>
<tr><td>热气溶胶灭火装置</td><td>XF 499.1—2010</td></tr>
<tr><td>柜式气体灭火装置</td><td>GB 16670—2006</td></tr>
<tr><td>悬挂式气体灭火装置</td><td>XF 13—2006</td></tr>
<tr><td rowspan="3">干粉灭火设备</td><td>干粉灭火设备</td><td rowspan="2">GB 16668—2010</td></tr>
<tr><td>柜式干粉灭火装置</td></tr>
<tr><td>悬挂式干粉灭火装置</td><td>XF 602—2013</td></tr>
<tr><td rowspan="5">消防给水设备产品(一)(固定消防给水设备)</td><td>消防气压给水设备</td><td>GB 27898.1—2011</td></tr>
<tr><td>消防自动恒压给水设备</td><td>GB 27898.2—2011</td></tr>
<tr><td>消防增压稳压给水设备</td><td>GB 27898.3—2011</td></tr>
<tr><td>消防气体顶压给水设备</td><td>GB 27898.4—2011</td></tr>
<tr><td>消防双动力给水设备</td><td>GB 27898.5—2011</td></tr>
<tr><td rowspan="14">消防给水设备产品(二)</td><td>车用消防泵</td><td rowspan="2">GB 6245—2006</td></tr>
<tr><td>消防泵组</td></tr>
<tr><td>消防水鹤</td><td>XF 821—2009</td></tr>
<tr><td>消防球阀</td><td>XF 79—2010</td></tr>
<tr><td>室内消火栓</td><td>GB 3445—2005</td></tr>
<tr><td>室外消火栓</td><td>GB 4452—2011</td></tr>
<tr><td>消防水枪</td><td>GB 8181—2005</td></tr>
<tr><td>消防水泵接合器</td><td>GB 3446—2013</td></tr>
<tr><td>分水器和集水器</td><td>XF 868—2010</td></tr>
<tr><td rowspan="4">消防接口</td><td>GB 12514.1—2005</td></tr>
<tr><td>GB 12514.2—2006</td></tr>
<tr><td>GB 12514.3—2006</td></tr>
<tr><td>GB 12514.4—2006</td></tr>
</table>

表 A.1（续）

产品大类	产品类别	产品分类	产品标准
3.灭火设备产品	消防给水设备产品(二)	消防泡沫枪	GB 25202—2010
		消防干粉枪	GB 25200—2010
		脉冲气压喷雾水枪	XF 534—2005
		消防炮	GB 19156—2003 GB 19157—2003
	阻火抑爆产品	机动车排气火花熄灭器	GB 13365—2005
4.消防装备产品	逃生和自救呼吸器产品	建筑火灾逃生避难器材(逃生缓降器、逃生梯、逃生滑道、应急逃生器、逃生绳)	GB 21976.2—2012 GB 21976.3—2012 GB 21976.4—2012 GB 21976.5—2012 GB 21976.6—2012
		过滤式消防自救呼吸器	GB 21976.7—2012
		化学氧消防自呼吸器	XF 411—2003
	消防摩托车	消防摩托车	XF 768—2008
	抢险救援产品	消防救生气垫	XF 631—2006
		消防梯	XF 137—2007
		消防斧	XF 138—2010
		消防移动式照明装置	GB 26755—2011
		消防救生照明线	GB 26783—2011
		移动式消防排烟机	GB 27901—2011
	消防员个人防护装备产品	消防员隔热防护服	XF 634—2015
		消防员灭火防护靴	XF 6—2004
		消防用防坠落装备(安全绳、安全带、安全钩、上升器、抓绳器、下降器、滑轮装置、便携式固定装置)	XF 494—2004
		消防员呼救器	GB 27900—2011
		消防员灭火防护头套	XF 869—2010
		消防腰斧	XF 630—2006
		正压式消防空气呼吸器	XF 124—2013
		正压式消防氧气呼吸器	XF 632—2006
		消防头盔	XF 44—2015
		消防手套	XF 7—2004
		消防员灭火防护服	XF 10—2014
		消防员化学防护服装	XF 770—2008

表 A.1（续）

产品大类	产品类别	产品分类	产品标准
5.消防车	消防车	消防车	GB 7956.1—2014 GB 7956.2—2014 GB 7956.3—2014 GB 7956.6—2015 GB 7956.12—2015 GB 7956.14—2015 XF 39—2016
注：共涉及 159 个产品标准，其中国家标准 113 项，行业标准 46 项。			

附 录 B
（规范性附录）
强制性产品认证证书样式

强制性产品认证证书样式见图B.1。

中国国家强制性产品认证证书

CERTIFICATE FOR CHINA COMPULSORY PRODUCT CERTIFICATION

证书编号：**************

认证委托人：****************************

地　　址：****************************

生 产 者：****************************(*******)

地　　址：****************************

生产企业：****************************

地　　址：****************************

产品名称：****************************

认证单元：****************************

内含：****************************

产品认证实施规则：********************

产品认证基本模式：********************

产 品 标 准：********************

上述产品符合强制性认证实施规则****************的要求，特发此证。

首次发证日期：****-**-**

发（换）证日期：****年**月**日　有效期至：****年**月**日

本证书的有效性需依靠通过证后监督获得保持

本证书的相关信息可通过国家认监委网站www.cnca.gov.cn和

中国消防产品信息网站www.cccf.com.cn查询

发证机构名称（盖章）

发证机构名称：*******

地址、邮编：*******

网站域名：*******

图B.1 强制性产品认证证书

中国国家强制性产品认证证书

CERTIFICATE FOR CHINA COMPULSORY PRODUCT CERTIFICATION

附件：

证书编号：**************

产品名称： *****************************

认证单元： *****************************

内含： *****************************

注：此证书附件与证书同时使用时有效

发证机构名称（盖章）

发证机构名称：*******

地址、邮编：*******

网站域名：*******

图 B.1（续）

附 录 C
（规范性附录）
检验报告样式

检验报告样式见图 C.1。

№:检验报告编号

（CMA 章） （CAL 章） （CNAS 章）

检 验 报 告

认 证 委 托 人:

产品型号名称:

检 验 类 别:

（检验机构名称）

图 C.1 消防产品检验报告

（检验报告封面背面内容）

注意事项：

1、报告无“检验专用章”无效。

2、复制报告未重新加盖“检验专用章”无效。

3、报告无编制、审核、批准人签字无效。

4、报告涂改无效。

……

（检验机构信息）

图 C.1（续）

（检验报告内容第1页）

（检验机构名称）

检验报告

№：（检验报告编号）　　　　共　页第　页

产品名称		型号	
认证委托人		检验类别	
生 产 者		生产日期	XXXX 年 X 月
生产企业		抽 样 者	
抽样基数		抽样地点	
样品数量		抽样日期	XXXX 年 X 月 X 日
样品状态		受理日期	XXXX 年 X 月 X 日
检验依据	产品标准+实施规则+实施细则		
检验项目			
检验结论	（检验专用章） 签发日期：　　年　月　日		
备注			

批准：　　审核：　　编制：

（检验报告内容企业信息页）

图 C.1（续）

（检验机构名称）

检验报告

№：（检验报告编号）　　　　　　　　　　　　　　　　　　　　　　共　页第　页

认证委托人			
通信地址			
联系电话		传　真	

产品照片

（AAA 型正面照片）

（AAA 型内部结构照片）

（检验报告内容产品信息描述页）

图 C.1（续）

（检验机构名称）

检验报告

№：（检验报告编号） 共 页第 页

一、产品铭牌内容：

二、产品特性描述：

三、产品关键件（或原材料）描述：

一致性检查结论：符合/不符合（不符合内容）

（检验报告内容主型检验结果汇总页）

图 C.1（续）

检验结果汇总表

生产单位：　　　　　　　　　　　　　　　　　　　　№：（检验报告编号）

型号规格：　　　　　　　　　　　　　　　　　　　　　共　页第　页

序号	检验项目	标准要求	检验结果	单项判定

（指定实验室名称）

图 C.1（续）

附 录 D
（规范性附录）
消防产品技术鉴定证书样式

消防产品技术鉴定证书样式见图 D.1。

消防产品技术鉴定证书

证书编号：**************

委托方名称：***************************
地址、邮编：***************************，*******
制造商名称：***************************
地址、邮编：***************************，*******
生产厂名称：***************************
地址、邮编：***************************，*******
产 品 名 称 ：***************************
规 格 型 号 ：***************************
鉴 定 依 据 ：《消防产品技术鉴定工作规范》
执 行 标 准 ：***************************

发证日期：****年**月**日　有效期至：****年**月**日

经技术鉴定上述产品符合消防安全要求，特发此证。
本证书的有效性需通过跟踪调查得以保持
本证书的相关信息可通过中国消防产品信息网 www.cccf.com.cn 查询

发证机构名称（盖章）

发证机构名称：*******
地址、邮编：*******
网站域名：*******

图 D.1　消防产品技术鉴定证书样式

参 考 文 献

[1] GB 3445—2005 室内消火栓
[2] GB 3446—2013 消防水泵接合器
[3] GB 4066.1—2004 干粉灭火剂 第1部分:BC干粉灭火剂
[4] GB 4066.2—2004 干粉灭火剂 第2部分:ABC干粉灭火剂
[5] GB 4351.1—2005 手提式灭火器 第1部分:性能和结构要求
[6] GB 4351.2—2005 手提式灭火器 第2部分:手提式二氧化碳灭火器钢质无缝瓶体的要求
[7] GB 4396—2005 二氧化碳灭火剂
[8] GB 4452—2011 室外消火栓
[9] GB 4715—2005 点型感烟火灾探测器
[10] GB 4716—2005 点型感温火灾探测器
[11] GB 4717—2005 火灾报警控制器
[12] GB 5135.1—2003 自动喷水灭火系统 第1部分:洒水喷头
[13] GB 5135.2—2003 自动喷水灭火系统 第2部分:湿式报警阀、延迟器、水力警铃
[14] GB 5135.3—2003 自动喷水灭火系统 第3部分:水雾喷头
[15] GB 5135.4—2003 自动喷水灭火系统 第4部分:干式报警阀
[16] GB 5135.5—2003 自动喷水灭火系统 第5部分:雨淋报警阀
[17] GB 5135.6—2003 自动喷水灭火系统 第6部分:通用阀门
[18] GB 5135.7—2003 自动喷水灭火系统 第7部分:水流指示器
[19] GB 5135.8—2003 自动喷水灭火系统 第8部分:加速器
[20] GB 5135.9—2006 自动喷水灭火系统 第9部分:早期抑制快速响应(ESFR)喷头
[21] GB 5135.10—2006 自动喷水灭火系统 第10部分:压力开关
[22] GB 5135.11—2006 自动喷水灭火系统 第11部分:沟槽式管接件
[23] GB 5135.12—2006 自动喷水灭火系统 第12部分:扩大覆盖面积洒水喷头
[24] GB 5135.13—2006 自动喷水灭火系统 第13部分:水幕喷头
[25] GB 5135.14—2011 自动喷水灭火系统 第14部分:预作用装置
[26] GB 5135.15—2008 自动喷水灭火系统 第15部分:家用喷头
[27] GB 5135.16—2010 自动喷水灭火系统 第16部分:消防洒水软管
[28] GB 5135.17—2011 自动喷水灭火系统 第17部分:减压阀
[29] GB 5135.21—2011 自动喷水灭火系统 第21部分:末端试水装置
[30] GB 6245—2006 消防泵
[31] GB 6246—2011 消防水带
[32] GB 6969—2005 消防吸水胶管
[33] GB 7956.1—2014 消防车 第1部分:通用技术条件
[34] GB 7956.2—2014 消防车 第2部分:水罐消防车
[35] GB 7956.3—2014 消防车 第3部分:泡沫消防车
[36] GB 7956.6—2015 消防车 第6部分:压缩空气泡沫消防车
[37] GB 7956.12—2015 消防车 第12部分:举高消防车
[38] GB 7956.14—2015 消防车 第14部分:抢险救援消防车
[39] GB 8109—2005 推车式灭火器
[40] GB 8181—2005 消防水枪

[41] GB 12441—2005 饰面型防火涂料
[42] GB 12514.1—2005 消防接口 第1部分:消防接口通用技术条件
[43] GB 12514.2—2006 消防接口 第2部分:内扣式消防接口型式和基本参数
[44] GB 12514.3—2006 消防接口 第3部分:卡式消防接口型式和基本参数
[45] GB 12514.4—2006 消防接口 第4部分:螺纹式消防接口型式和基本参数
[46] GB 12791—2006 点型紫外火焰探测器
[47] GB 12955—2008 防火门
[48] GB 13365—2005 机动车排气火花熄灭器
[49] GB 14003—2005 线型光束感烟火灾探测器
[50] GB 14102—2005 防火卷帘
[51] GB 14287.1—2014 电气火灾监控系统 第1部分:电气火灾监控设备
[52] GB 14287.2—2014 电气火灾监控系统 第2部分:剩余电流式电气火灾监控探测器
[53] GB 14287.3—2014 电气火灾监控系统 第3部分:测温式电气火灾监控探测器
[54] GB 14907—2002 钢结构防火涂料
[55] GB 15090—2005 消防软管卷盘
[56] GB 15308—2006 泡沫灭火剂
[57] GB 15322.1—2003 可燃气体探测器 第1部分:测量范围为0～100%LEL的点型可燃气体探测器
[58] GB 15322.2—2003 可燃气体探测器 第2部分:测量范围为0～100%LEL的独立式可燃气体探测器
[59] GB 15322.3—2003 可燃气体探测器 第3部分:测量范围为0～100%LEL的便携式可燃气体探测器
[60] GB 15322.4—2003 可燃气体探测器 第4部分:测量人工煤气的点型可燃气体探测器
[61] GB 15322.5—2003 可燃气体探测器 第5部分:测量人工煤气的独立式可燃气体探测器
[62] GB 15322.6—2003 可燃气体探测器 第6部分:测量人工煤气的便携式可燃气体探测器
[63] GB 15631—2008 特种火灾探测器
[64] GB 15763.1—2009 建筑用安全玻璃 第1部分:防火玻璃
[65] GB 15930—2007 建筑通风和排烟系统用防火阀门
[66] GB 16280—2014 线型感温火灾探测器
[67] GB 16281—2010 火警受理系统
[68] GB 16668—2010 干粉灭火系统及部件通用技术条件
[69] GB 16669—2010 二氧化碳灭火系统及部件通用技术条件
[70] GB 16670—2006 柜式气体灭火装置
[71] GB 16806—2006 消防联动控制系统
[72] GB 16807—2009 防火膨胀密封件
[73] GB 16808—2008 可燃气体报警控制器
[74] GB 16809—2008 防火窗
[75] GB 17429—2011 火灾显示盘
[76] GB 17835—2008 水系灭火剂
[77] GB 17945—2010 消防应急照明和疏散指示系统
[78] GB 18428—2010 自动灭火系统用玻璃球
[79] GB 18614—2012 七氟丙烷(HFC227ea)灭火剂
[80] GB 19156—2003 消防炮通用技术条件
[81] GB 19157—2003 远控消防炮系统通用技术条件

[82] GB 19572—2013 低压二氧化碳灭火系统及部件
[83] GB 19880—2005 手动火灾报警按钮
[84] GB 20031—2005 泡沫灭火系统及部件通用技术条件
[85] GB 20128—2006 惰性气体灭火剂
[86] GB 20517—2006 独立式感烟火灾探测报警器
[87] GB 21976.2—2012 建筑火灾逃生避难器材 第2部分:逃生缓降器
[88] GB 21976.3—2012 建筑火灾逃生避难器材 第3部分:逃生梯
[89] GB 21976.4—2012 建筑火灾逃生避难器材 第4部分:逃生滑道
[90] GB 21976.5—2012 建筑火灾逃生避难器材 第5部分:应急逃生器
[91] GB 21976.6—2012 建筑火灾逃生避难器材 第6部分:逃生绳
[92] GB 21976.7—2012 建筑火灾逃生避难器材 第7部分:过滤式消防自救呼吸器
[93] GB 22370—2008 家用火灾安全系统
[94] GB 23864—2009 防火封堵材料
[95] GB 25200—2010 干粉枪
[96] GB 25202—2010 泡沫枪
[97] GB 25204—2010 自动跟踪定位射流灭火系统
[98] GB 25971—2010 六氟丙烷(HFC236ea)灭火剂
[99] GB 25972—2010 气体灭火系统及部件
[100] GB 26755—2011 消防移动式照明装置
[101] GB 26783—2011 消防救生照明线
[102] GB 26851—2011 火灾声和/或光警报器
[103] GB 26875.1—2011 城市消防远程监控系统 第1部分:用户信息传输装置
[104] GB 27897—2011 A类泡沫灭火剂
[105] GB 27898.1—2011 固定消防给水设备 第1部分:消防气压给水设备
[106] GB 27898.2—2011 固定消防给水设备 第2部分:消防自动恒压给水设备
[107] GB 27898.3—2011 固定消防给水设备 第3部分:消防增压稳压给水设备
[108] GB 27898.4—2011 固定消防给水设备 第4部分:消防气体顶压给水设备
[109] GB 27898.5—2011 固定消防给水设备 第5部分:消防双动力给水设备
[110] GB 27900—2011 消防员呼救器
[111] GB 27901—2011 移动式消防排烟机
[112] GB 28374—2012 电缆防火涂料
[113] GB 28375—2012 混凝土结构防火涂料
[114] XF 6—2004 消防员灭火防护靴
[115] XF 7—2004 消防手套
[116] XF 10—2014 消防员灭火防护服
[117] XF 13—2006 悬挂式气体灭火装置
[118] XF 39—2016 消防车 消防要求和试验方法
[119] XF 44—2015 消防头盔
[120] XF 79—2010 消防球阀
[121] XF 86—2009 简易式灭火器
[122] XF 93—2004 防火门闭门器
[123] XF 97—1995 防火玻璃非承重隔墙通用技术条件
[124] XF 124—2013 正压式消防空气呼吸器
[125] XF 137—2007 消防梯

[126] XF 138—2010 消防斧
[127] XF 211—2009 消防排烟风机耐高温试验方法
[128] XF 304—2012 塑料管道阻火圈
[129] XF 386—2002 防火卷帘控制器
[130] XF 411—2003 化学氧消防自救呼吸器
[131] XF 480.1—2004 消防安全标志通用技术条件 第1部分:通用要求和试验方法
[132] XF 480.2—2004 消防安全标志通用技术条件 第2部分:常规消防安全标志
[133] XF 480.3—2004 消防安全标志通用技术条件 第3部分:蓄光消防安全标志
[134] XF 480.4—2004 消防安全标志通用技术条件 第4部分:逆反射消防安全标志
[135] XF 480.5—2004 消防安全标志通用技术条件 第5部分:荧光消防安全标志
[136] XF 480.6—2004 消防安全标志通用技术条件 第6部分:搪瓷消防安全标志
[137] XF 494—2004 消防用防坠落装备
[138] XF 498—2012 厨房设备灭火装置
[139] XF 499.1—2010 气溶胶灭火系统 第1部分:热气溶胶灭火装置
[140] XF 533—2012 挡烟垂壁
[141] XF 534—2005 脉冲气压喷雾水枪通用技术条件
[142] XF 545.1—2005 消防车辆动态管理装置 第1部分:消防车辆动态终端机
[143] XF 545.2—2005 消防车辆动态管理装置 第2部分:消防车辆动态管理中心收发装置
[144] XF 578—2005 超细干粉灭火剂
[145] XF 602—2013 干粉灭火装置
[146] XF 603—2006 防火卷帘用卷门机
[147] XF 630—2006 消防腰斧
[148] XF 631—2006 消防救生气垫
[149] XF 632—2006 正压式消防氧气呼吸器
[150] XF 634—2015 消防员隔热防护服
[151] XF 768—2008 消防摩托车
[152] XF 770—2008 消防员化学防护服装
[153] XF 821—2009 消防水鹤
[154] XF 834—2009 泡沫喷雾灭火装置
[155] XF 835—2009 油浸变压器排油注氮灭火装置
[156] XF 863—2010 消防用易熔合金元件通用要求
[157] XF 868—2010 分水器和集水器
[158] XF 869—2010 消防员灭火防护头套
[159] XF 1149—2014 细水雾灭火装置
[160] 《中华人民共和国消防法》,2008
[161] 《中华人民共和国认证认可条例》,中华人民共和国国务院令第666号,2016
[162] 《强制性产品认证管理规定》,国家质检总局令第117号,2012
[163] 《消防产品监督管理规定》,公安部令第122号,2012
[164] 《强制性产品认证实施细则》,国家认证认可监督管理委员会2014年第23号公告,2014
[165] 《消防产品技术鉴定工作规范》,公消[2012]348号,2012

ICS 13.220.01
CCS C 80

中华人民共和国消防救援行业标准

XF/T 3006—2020

灭火剂及防火阻燃产品快速检定技术要求

Technical requirements for rapid identification of fire extinguishing agents and fire retardant products

2020-11-10 发布　　2021-05-01 实施

中华人民共和国应急管理部　发布

前　言

本文件按照 GB/T 1.1—2020《标准化工作导则　第1部分:标准化文件的结构和起草规则》的规定起草。

请注意本文件的某些内容可能涉及专利。本文件的发布机构不承担识别专利的责任。

本文件由中华人民共和国应急管理部提出。

本文件由全国消防标准化技术委员会灭火剂分技术委员会(SAC/TC 113/SC 3)归口。

本文件起草单位:应急管理部消防产品合格评定中心、应急管理部消防救援局、应急管理部天津消防研究所、浙江省消防救援总队、新疆维吾尔自治区消防救援总队、河南省消防救援总队、山东省消防救援总队、深圳因特安全技术有限公司、青岛楼山消防器材厂、北京茂源防火材料厂。

本文件主要起草人:东靖飞、薛岗、余威、胡锐、宋文琦、陈方、陆曦、冯伟、许春元、牛坤、付萍、俞颖飞、丁玮、张麓、刘欣传、孙佳福。

引 言

采用近红外光谱分析技术对灭火剂、防火涂料、保温装饰(装修)材料等产品的一致性保持情况进行快速检定,是加强灭火剂及防火阻燃产品的质量管理,及时发现假冒伪劣产品的一种有效技术手段。

灭火剂及防火阻燃产品
快速检定技术要求

1 范围

本文件规定了基于认证产品一致性要求，应用近红外光谱分析技术对灭火剂及防火阻燃产品进行快速检定的术语和定义、快速检定工作程序、产品一致性谱图库、匹配度确定和现场快速检定要求等内容。

本文件可应用于生产、流通、使用领域内开展的灭火剂及防火阻燃产品监督检查工作，也可用于企业生产过程的质量控制。

2 规范性引用文件

下列文件中的内容通过文中的规范性引用而构成本文件必不可少的条款。其中，注日期的引用文件，仅该日期对应的版本适用于本文件；不注日期的引用文件，其最新版本(包括所有的修改单)适用于本文件。

GB/T 5907 消防词汇(所有部分)

GB/T 8322 分子吸收光谱法术语

3 术语和定义

GB/T 5907 和 GB/T 8322 界定的以及下列术语和定义适用于本文件。

3.1

灭火剂及防火阻燃产品快速检定 rapid identification of fire extinguishing agents and fire retardant products

采用快速检定专用近红外光谱仪采集相关产品的吸光度光谱数据，与该产品标准样的吸光度光谱数据进行一致性比对，经分析验证并得出结论的过程。

3.2

快速检定专用近红外光谱仪 specialized instrument for rapid identification

具有采集产品吸光度光谱数据并具有产品一致性比对、分析、判定功能的近红外光谱仪。规格参数见附录 A。

3.3

参比样 reference sample

用于监控快速检定专用近红外光谱仪稳定性的样品。

3.4

校准样 calibration sample

用于监测快速检定专用近红外光谱仪吸收光谱稳定性的样品。

3.5

标准样 standard sample

用于测定认证产品一致性的基础比对样品。

3.6

样品池　sample pool

快速检定专用近红外光谱仪上用于样品光谱测定的区域。

3.7

样品杯　sample cup

由光学玻璃和金属特制,用于承装待测样品的容器。规格见附录A。

3.8

参比样杯　reference sample module

装有参比样的样品杯。

3.9

校准样杯　calibration sample module

装有校准样的样品杯。

3.10

标准样杯　standard sample module

装有标准样的样品杯。

3.11

耐压样品杯　pressure-withstanding sample cup

由光学玻璃和金属制成,能够承受一定压力,用于承装带压气体的容器。规格见附录A。

3.12

待测试样　sample being tested

用于准备测定的测试样品。

3.13

匹配度　matching degree

产品一致性与质量要求符合性的判定依据,是产品检定样品谱图吸光度与其标准样品谱图吸光度的比对结果。

4　快速检定工作程序

灭火剂及防火阻燃产品的快速检定工作程序包括建立认证产品一致性谱图库、现场测试判定要求等环节,其流程框图见图1。

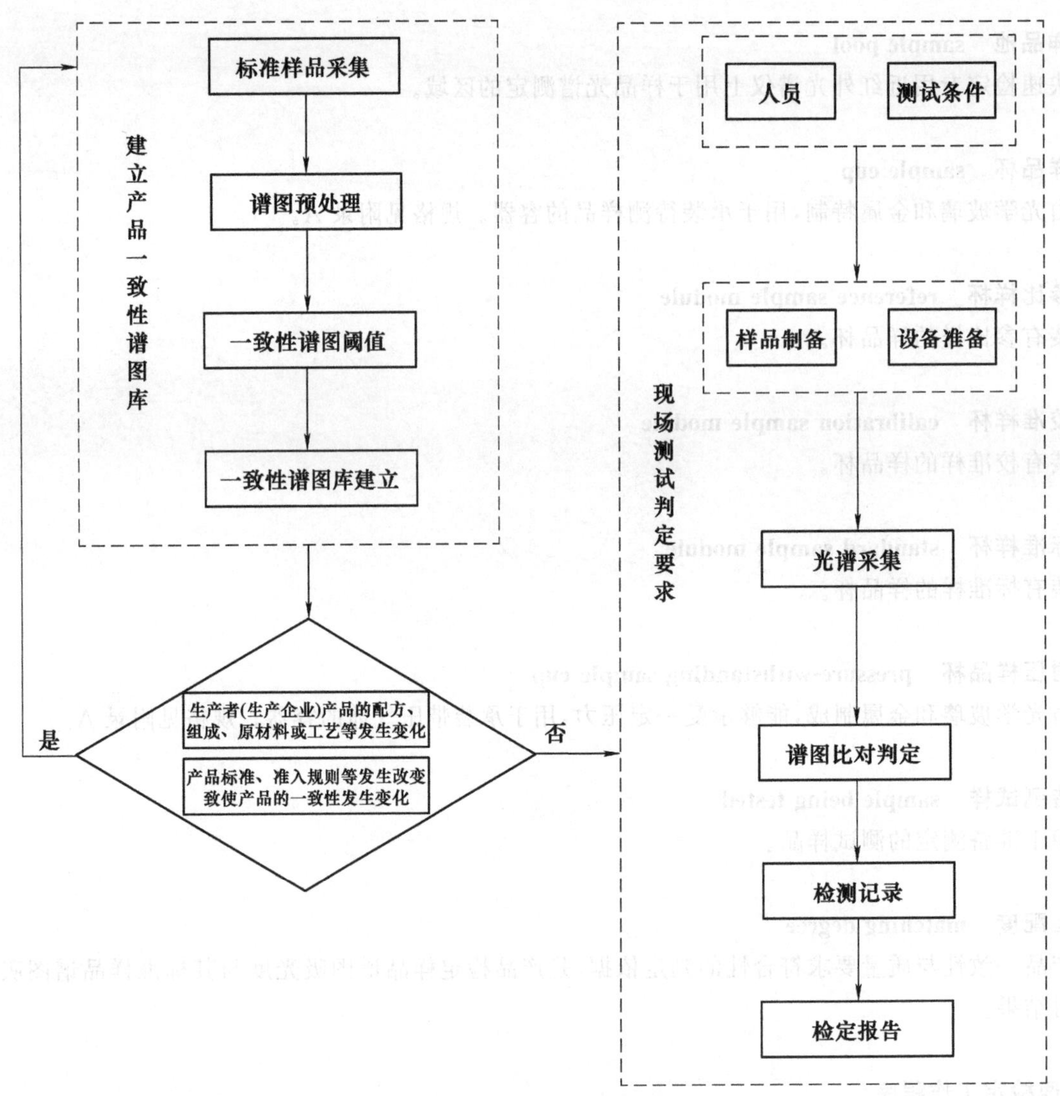

图 1 灭火剂及防火阻燃产品快速检定工作程序

5 建立产品一致性谱图库

5.1 标准样品采集

5.1.1 可被采样的产品种类如下：

a) 干粉与超细干粉灭火剂；

b) 气体灭火剂；

c) 泡沫灭火剂；

d) 有机防火封堵材料；

e) 钢结构(薄型、超薄型)防火涂料；

f) 饰面型防火涂料；

g) 模塑聚苯乙烯、挤塑聚苯乙烯和聚氨酯保温材料；

h) 其他。

5.2 谱图预处理

5.2.1 为抵消干扰、提高光谱质量与分辨率，应进行谱图预处理。

5.2.2 干粉或超细干粉灭火剂、有机防火封堵材料样品采用平滑、多元散射校正或最大最小归一化等方法进行谱图预处理。

5.2.3 气体灭火剂样品采用平滑、归一化或导数等方法进行谱图预处理。

5.2.4 泡沫灭火剂、防火涂料样品采用平滑、归一化或一阶导数等方法进行谱图预处理。

5.2.5 模塑聚苯乙烯、挤塑聚苯乙烯和聚氨酯保温材料采用平滑、多元散射校正、归一化或导数等方法进行谱图预处理。

5.3 一致性谱图阈值

5.3.1 对认证证书有效期内稳定生产，每批次产品生产间隔时间不少于 6 个月、至少涵盖 5 个批次的合格样品进行测量，确定样品的吸光度。

5.3.2 按式(1)对所有合格样品的谱图吸光度进行阈值计算。

$$S_{ij}=\sqrt{\frac{\sum_{k=1}^{n}(y_{ik}-y_{jk})^2}{n}} \qquad \cdots\cdots(1)$$

式中：

S_{ij}——第 i 个合格样品和第 j 个合格样品间的吸光度均方根误差值；

k ——第 k 个波长；

n ——波长总数；

y_{ik}——第 i 个合格样品在第 k 个波长条件下的吸光度值；

y_{jk}——第 j 个合格样品在第 k 个波长条件下的吸光度值。

5.3.3 统计分析所有合格样品的 S_{ij} 值，找到最大的吸光度均方根误差值 S_{ij}，依据公式(2)确定一致性谱图的阈值 S。

$$S=2\mathrm{Max}(S_{ij}) \qquad \cdots\cdots(2)$$

式中：

S_{ij}——第 i 个合格样品和第 j 个合格样品间的吸光度均方根误差值；

S ——某样品的一致性谱图阈值。

5.4 一致性谱图库建立

根据 5.1 的规定采集标准样品，并得出样品的一致性谱图，与按 5.3 要求建立的一致性谱图阈值共同构成获得认证的灭火剂及防火阻燃产品的一致性谱图数据库。

5.5 升级和维护

5.5.1 当生产者(生产企业)产品的配方、组成、原材料或工艺等发生变化时，应重新建库。

5.5.2 当产品标准、认证规则等发生变化致使产品的一致性发生改变时，应重新建库。

6 现场测试判定要求

6.1 测试条件

现场应具备快速检定专用近红外光谱仪及液体样品，固体、颗粒、粉末样品和气体样品的测量附件。现场应具备稳定的 220 V 交流电源或 12 V 直流电源，以及符合市政供水标准的水源。

6.2 样品谱图的现场采集

6.2.1 样品制备

应按照附录B进行抽封样，样品制备要求如下：

a) 对于液体试样，通过移液器移取待测样品到试剂瓶中，加入溶解剂充分搅拌均匀后，移取溶解试样到液体样品杯内待测；

b) 对于固体试样，通过取样器截取规格试样，将试样放入到固体样品杯内，固体样品的厚度应能保证光谱采集过程中试样不透光；

c) 对于粉末、浆体试样，通过取样勺将试样装入到粉末、浆体样品杯内，且试样量须超过样品杯的1/2，拧紧样品杯盖；

d) 对于气体试样，通过耐压取样存储器将试样承装在耐压样品杯内，且带压液体试样应覆盖反射板的底部。

6.2.2 设备准备

快速检定专用近红外光谱仪在使用前应依次分别通过参比样杯、校准样杯进行仪器的自检，自检的结果应满足附录A.2.2对仪器基线噪声、基线重复性、波长准确性、波长重复性和吸光度重复性的有关要求。如自检结果不符合附录A.2.2中相关性能参数的要求，应重新自检。如三次自检仍不合格，应停止设备的使用，并告知仪器供应商予以调整或维修。

6.2.3 光谱采集

6.2.3.1 针对不同种类的样品，选取近红外光谱仪中相对应的测量模型。

6.2.3.2 将参比样杯放置在样品池内采集参比样杯的光谱图，然后将制备好的待测试样放置在样品池内采集其光谱图。

6.3 谱图比对判定

根据受检样品的光谱图确定其吸光度，按式(3)计算 S'。

$$S' = \sqrt{\frac{\sum_{k=1}^{n}(y_k' - y_k)^2}{n}} \qquad \cdots\cdots\cdots\cdots(3)$$

式中：

S'——待测样品谱图和一致性谱图的吸光度均方根误差值；

k ——第 k 个波长；

n ——波长总数；

y_k'——待测试样在第 k 个波长条件下的吸光度值；

y_k ——一致性谱图在第 k 个波长条件下的吸光度值。

按式(4)计算匹配度 R。

$$R = (100 - 5S'/S)\% \qquad \cdots\cdots\cdots\cdots(4)$$

式中：

S ——一致性谱图阈值；

S'——待测样品谱图和一致性谱图的吸光度均方根误差值；

R——待测样品谱图与一致性谱图的匹配程度。

当匹配度 R 大于等于95%时，结论为“符合产品一致性保持要求”；当匹配度 R 小于95%时，结论为“不符合产品一致性保持要求”。受检样品与一致性谱图库的比对案例参见附录C。

6.4 检测记录

对灭火剂及防火阻燃产品进行现场快速检定时，应逐项填写灭火剂及防火阻燃产品现场检测表（见附录D），检验人员、被检查单位负责人应在现场检测表上签字并盖章确认；被检查单位负责人对检测记录有异议或者拒绝签字的，应在检测记录中注明。

6.5 检定报告

现场检定结果应出具书面报告。报告内容至少应包括采用标准编号、对试样的有关说明、试验结果及必要说明、试验中观察到的任何异常现象、本标准或引用标准中未规定的并可能影响结果的任何操作等内容。报告格式应符合附录E。

附　录　A
（规范性）
快速检定专用近红外光谱仪及测量附件

A.1　概述

本附录规定了快速检定专用近红外光谱仪的功能要求、性能参数以及测样附件的规格参数。

A.2　快速检定专用近红外光谱仪

A.2.1　功能要求

A.2.1.1　具有灭火剂及防火阻燃产品一致性光谱数据库及分析、处理检定数据的功能。

A.2.1.2　应能联入灭火剂及防火阻燃产品监管网络并更新相关数据。

A.2.1.3　具有设定不同用户使用权限的功能。

A.2.1.4　具有产品一致性的判定功能。

A.2.2　性能参数要求

快速检定专用近红外光谱仪性能参数要求见表 A.1。

表 A.1　快速检定专用近红外光谱仪性能参数要求

性能指标	技术要求
仪器类型	近红外光谱仪
仪器重量	不大于 12 kg
波长范围	1 400 nm～2 500 nm(覆盖)
基线噪声	＜0.000 6 AU
基线重复性	＜0.000 9 AU
波长准确性	＜0.5 nm
波长重复性	＜0.1 nm
吸光度重复性	＜0.0009 AU
检测器件	铟镓砷检测器(InGaAs)
仪器预热时间	＜15 min
操作系统	Windows XP(32 位)及以上
测量方式	透射或反射测量
测量软件	具有仪器自检，谱图测量、保存、处理、评价及参数优化等功能

A.3　测量附件要求

A.3.1　液体样品

液体样品可以采用光学玻璃和金属材料制成的样品杯(图 A.1)作为光谱测量附件，采用漫反射、透射的测量方式进行测量。

单位为毫米

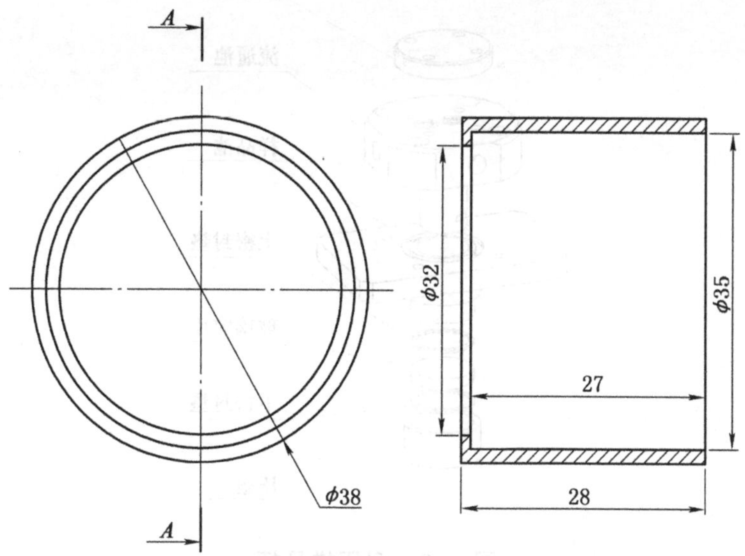

图 A.1　液体、浆状样品杯

A.3.2　固体、颗粒、粉末样品

固体、颗粒、粉末样品可采用光学玻璃和金属材料制成的样品杯(图 A.2)作为光谱采集附件,固体样品的取样配件可采用与样品杯尺寸相适应的取样器进行取样,采用漫反射的测量方式进行测量。

单位为毫米

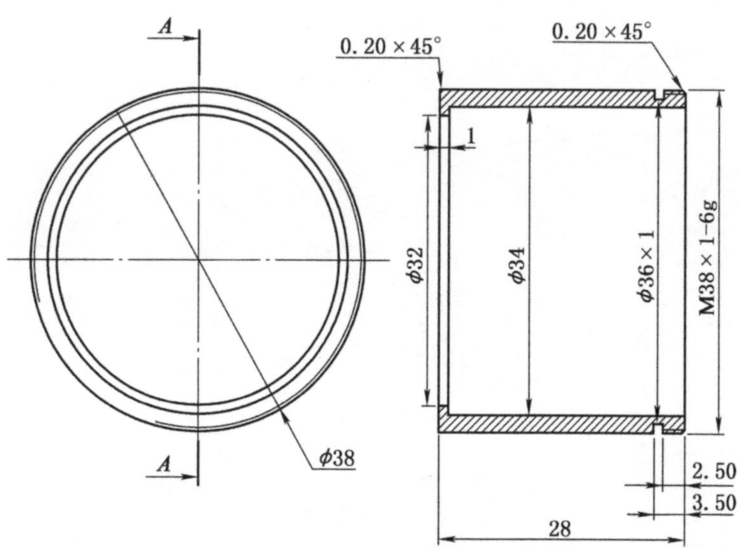

图 A.2　固体样品杯

A.3.3　气体样品采样附件要求

气体样品可采用光学玻璃和不锈钢材料制成的耐压样品杯(图 A.3)作为光谱采集附件,采用漫反射的测量方式进行采样测量。

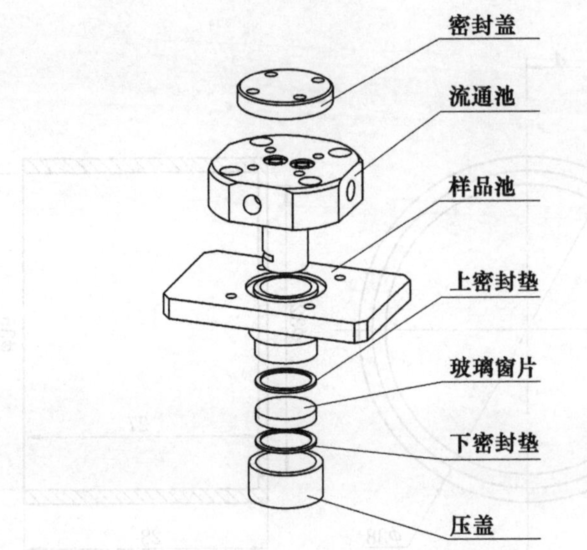

图 A.3 耐压样品杯

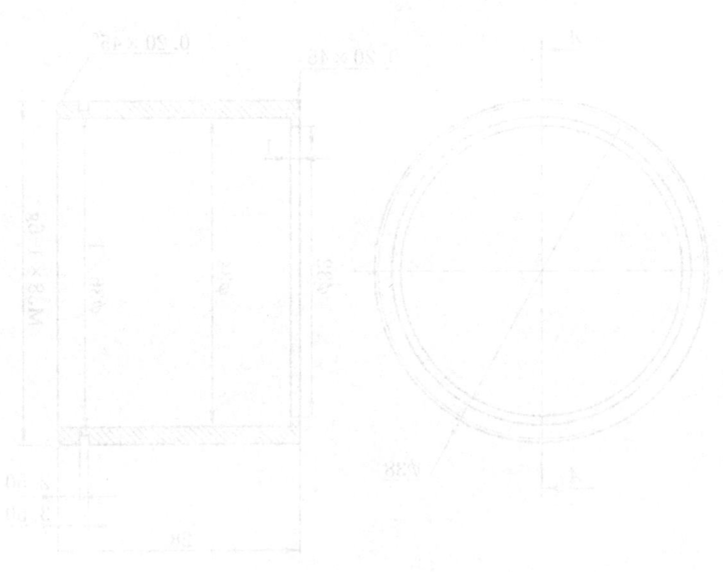

附 录 B
（规范性）
标准样品的抽封样要求

B.1 标准样品的抽封样

B.1.1 产品抽样位置

待测样品的抽样可在工厂或使用现场(包括经销商等流通环节)。在工厂进行抽样时,应首选抽取生产线末端且出厂检验合格的产品开展。如工厂现场未生产,也可对成品库产品开展抽样。

B.1.2 抽封样确认

待测产品抽样前,首先应对样品的生产单位进行确认。

在工厂进行待测产品抽样时,抽样员应填写《工厂抽样确认单》(见表 B.1),根据抽样现场的实际情况填写无误后,由现场抽样员和企业负责人签字确认。

表 B.1 工厂抽封样确认单

企业名称			
企业地址			
抽样日期		抽样地点	
产品名称		规格型号	
生产日期		产品批次号	
样品数量		抽样基数	
包装方式		封样部位	
生产依据标准		封条数量	
封条编号			
说明：			
现场抽样员签字确认		企业负责人签字确认	

B.1.3 抽封产品的基本要求

待测产品抽样基本要求如下：

a) 在工厂进行待测产品抽样时,每种规格的产品抽取 3 份,2 份进行试验检验样品,1 份留企业保存；

b) 在取样的过程中需要对样品的颜色状态进行拍照(适用时)；

c） 取样结束后，将封条贴封在容器外拍照确认（适用时）；

d） 所有样品的外包装，须企业盖章证明；

e） 在使用现场（包括经销商等流通环节）进行产品抽封样时，可参照在工厂抽样执行。

B.2 过程记录要求

B.2.1 领样记录

抽封样品测量前，领样员应对抽封样品进行核对并做好领样交接记录，同时对领取的样品进行拍照或录像，确保封条完好，无损坏、泄漏等情况。

B.2.2 拆样过程记录

检验员在样品开封前、样品开封后，应对样品进行拍照或录像确认，确保封条完好，无损坏、泄漏等情况。

B.2.3 装样过程记录

检验员将样品装入样品杯或带压取样容器的过程，应对装样过程进行拍照或录像确认，确保装样过程无泄漏、溢出等现象。

B.2.4 光谱采集过程记录

检验员进行参比样品杯测量和对装有待测样品的样品杯进行测量时，应对光谱采集过程进行拍照或录像确认，确保采集过程无异常。

附 录 C
（资料性）
一致性谱图阈值与受检样品的比对案例

将某企业送检的5个批次合格的水成膜泡沫灭火剂样品用于建立产品的一致性谱图。按照6.2.1规定的样品制备要求、6.2.2规定的设备准备要求采集5批次样品的近红外光谱图，测量结果见图C.1。

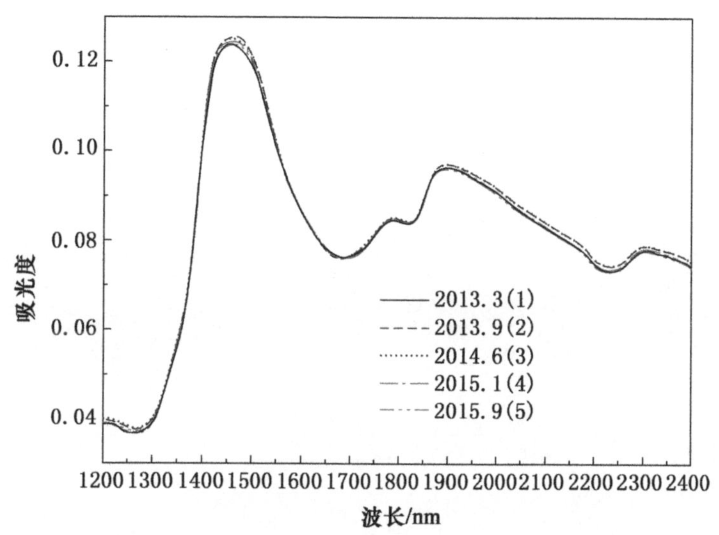

图 C.1 五个不同批次的水成膜泡沫液测量结果

采用S-G卷积平滑和矢量归一化方法对原始谱图进行预处理，选择1 200 nm～2 400 nm的波段进行建模。以1号样品为一致性谱图与2号～5号样品按照公式(1)进行阈值的计算，表C.1给出了1号～5号样品比较的阈值S_{ij}，其中最大的吸光度均方根误差值为S_{13}，依据公式(2)可以确定该企业一致性谱图的阈值S为0.002 53。

表 C.1 一致性谱图阈值的确定

序号	比较样品	S_{ij}	S
1	1-2	0.001 016	—
2	1-3	0.001 265	—
3	1-4	0.000 808	—
4	1-5	0.001 075	—
5	—	—	0.002 53

随机抽取生产的合格样品，按照6.2.1规定的样品制备要求、6.2.2规定的设备准备要求采集待测样品的近红外光谱图。采用S-G卷积平滑和矢量归一化方法对原始谱图进行预处理，选择1 200 nm～2 400 nm的波段进行比对。将待测样品与一致性谱图库按照公式(3)进行阈值的计算比对，表C.2给出了受检样品与1号样品一致性谱图比对的阈值S'为0.000762，按照公式(4)可以计算出对应的匹配度R为98.49%。从表C.2的计算结果可以看出，受检样品判定为“符合产品一致性保持要求”。

表 C.2　受检样品谱图与一致性谱图的比对

样品编号	S	S'	R
1号样品	0.002 53	0	100%
受检样品	0.002 53	0.000 762	98.49%

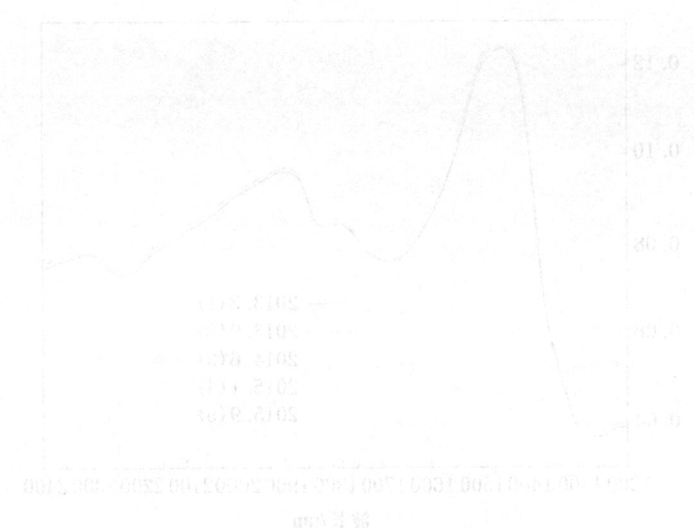

附　录　D
（规范性）
灭火剂及防火阻燃产品现场检定表

灭火剂及防火阻燃产品现场检定表格样式见表D.1。

表D.1　灭火剂及防火阻燃产品现场检定表格样式

编号

检查类型：□一致性核查　□监督抽查　□其他

检查部门：________________

检查人员：________、________

检查时间：____年____月____日

产品生产单位名称：________________

被检查单位名称：________________

被检查单位地址：________________

法人代表：________________

联系电话：________________

检查场所：________________

检　定　内　容　和　记　录	
产品的种类及型号	
测试过程简述	
判定结论	

检定人员（签名）：

受检单位负责人（签名）：

盖　章

年　　月　　日

一式两份，一份交受检单位，一份存档。

附　录　E
（规范性）
灭火剂及防火阻燃产品快速检定检验报告

灭火剂及防火阻燃产品的快速检定检验报告样式见表 E.1。

表 E.1　灭火剂及防火阻燃产品快速检定检验报告样式

产品名称	
型号规格	
商标	
委托单位	
生产单位	
受检单位	
抽样者	
抽样地点	
抽样基础	
抽样日期	
样品编号	
检定依据	
检定项目	
检定日期	
检定地点	
采集图谱	
检定结论	签发日期：
备注	

批准：　　　　　　审核：　　　　　　编制：